国家级特色专业
广州美术学院工业设计学科系列教材
童慧明 陈江 主编

The History of Modern Furniture Design

现代家具设计史

徐岚 赵慧敏 编著

图书在版编目（CIP）数据

现代家具设计史／徐岚，赵慧敏编著．—北京：北京大学出版社，2014.5
（国家级特色专业·广州美术学院工业设计学科系列教材）

ISBN 978-7-301-24007-6

Ⅰ．①现… Ⅱ．①徐…②赵… Ⅲ．①家具－设计－工艺美术史－世界－现代－高等学校－教材 Ⅳ．①TS664.01-091

中国版本图书馆CIP数据核字（2014）第043364号

书　　名：现代家具设计史
著作责任者：徐岚　赵慧敏　编著
责 任 编 辑：谭燕
标 准 书 号：ISBN 978-7-301-24007-6/J·0570
出 版 发 行：北京大学出版社
地　　址：北京市海淀区成府路205号　100871
网　　址：http://www.pup.cn　新浪官方微博：@北京大学出版社
电 子 信 箱：pkuwsz@126.com
电　　话：邮购部 62752015　发行部 62750672　出版部 62754962
　　　　　编辑部 62755217
印　刷　者：北京汇林印务有限公司
经　销　者：新华书店
　　　　　730mm×1020mm　16开本　14.25印张　214千字
　　　　　2014年5月第1版　2014年5月第1次印刷
定　　价：68.00元

目 录

总　序

设计教育的本质，是培养具有整合创新能力的人才。历经30年的持续发展与扩张，中国设计院校虽以近230万在读大学生的总量规模高居世界第一，但在培养的学生的质量水平上则与欧美发达国家仍有较大差距。

一段时间以来，许多专家学者均对如何提升中国设计教育水平发表过各种建议与评论，尤其是关于教材建设的意见甚多。于是，过去10年来由一些重点高校的著名教授牵头主编、若干知名出版社先后出版了许多列入“十五”“十一五”规划建设的系列教材，造就了设计出版物的繁荣景象。然而，在严格意义上，这些出版物更类似于教学参考书，真正能在实际教学中被诸多高校普遍采用，具有贴近教学现场的课程内容、知识结构、课时规划、作业要求、作业范例、评分标准等符合设计类专业教学特性要求的授课范式，并经过多次教学实践磨砺出的教材则如凤毛麟角。

整体观察这些出版物，在三大本质特性上存在突出弱点：

1. 系统性。虽有不少冠之为“系列教材”，但多数集中在设计基础、设计史论类教学参考书范畴，少有触及专业设计、专题设计课程的教材。而且，这些系列教材基本是由某位教授、学者作为主编，组织若干所院校的作者合作编写，并不是体现一所院校完整的教学理念、课程结构、课程群关系、授课模式特色的系统化教材。

2. 原创性。毋庸讳言，虽就单本教材来说，不乏少量基于教师多年教学经验、汇聚诸多教研心血的佳作，但就整体面貌来看，基于计算机平台的“拷贝 + 粘贴”取代了过去的“剪刀 + 糨糊”的教材编写模式，在本质上没有摆脱抄袭意图明显的汇编套路，多数是在较短时间内“赶”出来的“成果”，自然难有较高质量。

3. 迭代性。设计是一门培养创新型人才的学科，大胆突破、迭代知识是设计教育的本色，不仅要贯彻于教学过程中，更要体现于教材的字里行间。这种将实验探索与精进学问相融合的治学态度，尤其需要映射于专业设计类教材的策划与撰写中。这种迭代性既应体现出已有的专业设计类课程授课内容、架构与目标的革新力度，也需反映出新专业概念对传统设计专业知识结构的覆盖、跨界、重组、变异趋势。例如交互设计、服务设计、CMF设计等新专业设计类别，尽管在设计业界的实践中已快速崛起，但在明显已落伍的设计教育界，目前尚无成熟的专业教学系统与教材推出。

“国家级特色专业·广州美术学院工业设计学科系列教材”，是一套以“‘十二五’重点规划教材”为定位，以完整呈现优秀院校学科建构、课程特色、教学方法为目标的系统教材。首批计划书目38册，分为“设计基础”“专业设计基础”“专业设计”三大类别，汇聚了“工业设计”“服装设计”与“染织设计”三个专业教学板块的任课教师在设计基础教学、专业设计基础教学、专业设计工作室教学中长期致力于新课程创设、迭代更新教学内容、提纯优化教学方法等方面所做的实验与探索性成果。它们经过系统总结与理论升华，凝结为更加科学、具有前瞻意识与推广价值的实用教材。

广州美术学院是国内最早开展现代设计教育的院校之一。工业设计学院作为拥有“国家级特色专业”“省级重点专业”“省级教学质量奖”荣誉，集聚了一大批优秀教师的人才培养平台，秉承“接地气”（与产业变革需求对接）的宗旨，以“面向产业化的设计教育”为准则，自2010年末以来，整合重构了三大专业板块，在本科教学层面先后组建了5个教研室、14个工作室，明确了每个教研室与工作室的细化专业方向、教学任务与建设目标，并把“创新设计”作为引领改革的驱动力与学院的核心理念。

创新设计，是将科学、技术、文化、艺术、经济、环境等各种因素整合融会，以用户体验为中心，组建开放式的知识架构，将内涵由产品扩展至流程与服务、更具原创特性的系统性设计创造活动。以此为纲领，工业设计学院在充分认知珠三角产业结构特点的前提下，提出了“更加专业化”与“更具创新力”的拓展目标，强调“更加专业化以适应产业变革，更富创新力以输出原创设计”，清晰定位了自身的发展方向：培养高质量的本科生，输出符合产业需求的“职业设计师”。

“工作室制”与“课题制”互为支撑、互相依存的系统建构，已成为广

广州美术学院工业设计学院本科教学架构图

2013 年10 月　V2.0 版

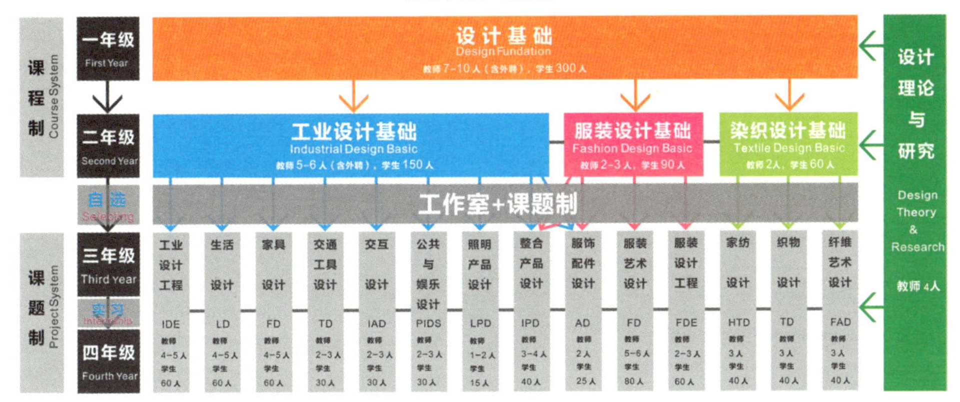

州美术学院工业设计学院的新教学模式与核心特色。这种模式在激发教师产学研结合、吸纳产业创新资源、启动学生创造力、提升学术引导力等方面产生了巨大的整合效应，开创了全新的设计教育格局。

新的本科教学架构将四年教学任务分为两大阶段、三类课程（如上图所示）：一年级是以“通识性”为特点，打通所有专业的“设计基础”类课程。二年级是以“基础性”为特点，区分为“工业设计”“服装设计”与“染织设计”三个专业平台的“专业设计基础”类课程。这两类均以“课程制”教学模式进行。而三、四年级则是以“专业性”为特点，在 14 个工作室同步实施的“专业设计”类课程，以“课题制”教学模式进行，即各类专业设计的教学均与有主题、有目标、有成果要求的实质设计课题捆绑进行。

“课题制”教学是本套教材首批书目中占 60% 的“专业设计”类教材（23 册）的突出特色，也是当下国内设计教育出版物中最紧缺的教材类型。“课题制”，是将具有明确主题、定位与目标的真实或虚拟课题项目导入专业设计工作室平台上的教学与科研活动，突出了用项目作为主线、整合各类知识精华、为解决问题而用的系统性优势，并且用课题成果的完整性作为衡量标准，为学生完成具有创新深度、作品精度的作业提供了保障。

诸多被纳入工作室教学的课题以实验、创新为先导，以“干中学”为座右铭，强化行动力，要求教师带领学生采用系统设计思维方法，由物品原理、消费行为、潜在需求的基础层面展开探索性研究，发挥“工作室制”与“课题制”捆绑所具有的“更长时间投入”“更多资源聚集”的优势条件，以足够的时间安排（如 8—12 周）完成一个全流程（或部分）设计项目过程，培养学生真正具有既能设定目标与研究路径，又能善用各种工具与资源、提出内容充实的解决方案的综合创造能力。

以课题为主导的工作室教学，也为构建开放式课堂提供了最佳平台。各工作室在把来自产业的创新设计课题植入教学过程时，同步导入由合作企业选派的工程技术专家、市场营销专家、生产管理专家等各类师资，不仅将最鲜活的知识点带入课堂，也让课题组师生在调研、考察生产现场与商品市场的过程中掌握第一手信息，更加清晰地认知设计目标与条件，在各种限定因素下完成符合要求的设计成果，锤炼自身的设计实战能力。

为了更好地展示“课题制”与“工作室制”的教学成果，这套教材在规划定位上提出了三点要求：

1. 创新：教材内容符合教学大纲要求，教学目标明确，具有理念创新、内容创新、方法创新、模式创新的教学特色，教学中的关键点、难点、重点尤其要阐述透彻，并注意教材的实验性与启发性。

2. 品质：定位为国家级精品课程教材，达到名称精准、框架清晰、章节严谨、内容充实、范例经典、作业恰当、注释完整的基本质量要求，并充分体现教学特色，在同类教材中具有较高学术水平与推广价值。

3. 适用：编著过程中总结并升华教学经验，体现由浅入深、由易到难、循序渐进的原则，有科学逻辑的教学步骤与完整过程，课程名称、适用年级、章节层次、案例讲述、作业安排、示范作品、成绩评定等环节必须满足专业培养目标的要求，所设定的内容、案例规模与学制、学时、学分相匹配，并在深度与广度等方面符合相应培养层次的学生的理解能力和专业水平，可供其他院校的教师使用。

希望经过持续的系统构建与迭代更新，这套教材可在系统性、实验性、迭代性、实用性和学术性等方面形成突出特色，为推动中国高等学校设计教育质量的提升做出贡献。

广州美术学院工业设计学院院长　童慧明 教授

2014 年 1 月

序

当人们不假思索地跟随众人前往意大利米兰朝圣时，不妨停下脚步，回过头来欣赏一下我们自己文化的进步。

对于想要学习和了解现代家具设计史的学院师生和专业人士来说，这本书无疑是难得的、珍贵的第一手资料。漫步书中，你可通过广州美术学院师生们“绘”经典、“摹”经典”的实践与理论教学过程，发觉现代家具设计史并非枯燥乏味的理论课程，而是可以激发学生学习兴趣的生动平台。这些看似平凡却实为不凡的教学实践过程，是该院家具设计专业的徐岚等老师，七年来带领学生坚持创新教学的宝贵成果，更是学院、行业及企业共同倡导的“理论与实践相结合”的教学指导思想付诸实践的真实写照。

在广州美术学院家具设计专业的发展历程中，涌现出一大批老师和学生的优秀家具设计作品。这些优秀作品有一个共同特点——几乎都是师生们自己动手制作、打样、成型，充分说明了这些师生是一群重设计、懂工艺、能动手的家具设计师，也反映出该专业重实践、专工艺、出成果的教学模式。

在第三次行业转型之际，借此序预祝广州美术学院家具设计专业师生们在未来的日子里创新设计出更多的优秀作品，也希望有兴趣学习家具设计的学生们能从此书获得真知与动力，为中国家具行业这个环境友好型常青产业的健康、稳步、创新发展贡献出自己的聪明才智。

王　克

广东省家具协会会长

前言：家具“故”事

2005年11月，我与广州美术学院家具艺术设计专业首届33名同学一起，在上完第一次“现代家具史”的课程后，做了一次名为“‘33+1’手中的经典”的展览。在展览前言中，我曾这样写道：“2005年秋季，我们这些被喻为‘中国家具行业黄埔军校第一班’的33个急待破壳而出的鸡蛋聚集到了一起。今天，我们不但成长为‘小鸡’，还终于下出了第一窝‘蛋’——现代家具史的课程作业，以期向一直支持和关注我们的朋友汇报。年轻的我们在过往一直以为设计史是一门枯燥乏味的理论课程，然而这次我们通过手绘经典家具作品图纸及讲述相关小故事、亲手临摹和复制现代家具经典作品，并与理论教学相结合，对这些作品产生了兴趣，我们渴望了解它们所有的细节及属于它们的有趣故事。令人高兴的是，这些不平凡的作品及背后的设计故事激发了我们学习现代家具史的兴趣，我们终于明白，现代家具史并不是充斥着乏味的纯理论知识，而是由一串串人和物所构成的精彩故事。”

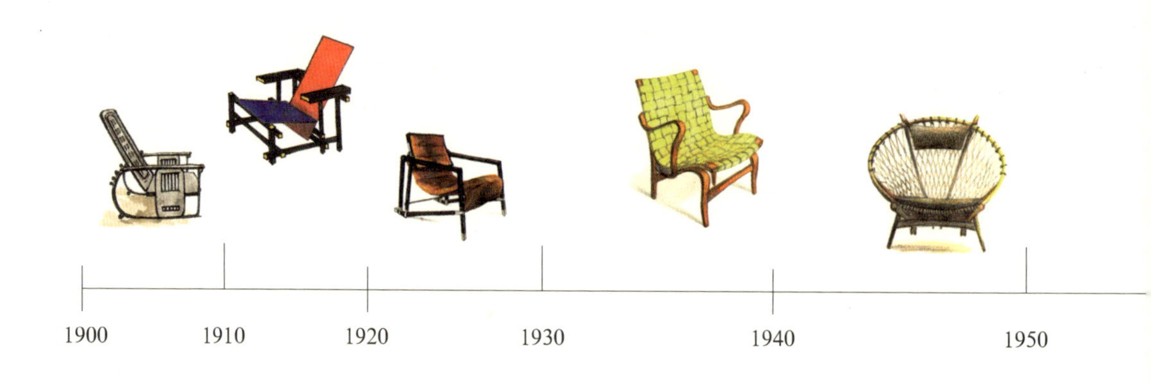

今天，从那个摸着石头过河的日子算起，已经在不知不觉中过去了近八个年头，八个年头不间断的教学探索与实践何尝不是一段“故”事。年轻的我们及我们所做的点点滴滴的学习探索与实践当然只是现代家具史这个大故事中的一个微不足道的小故事。然而，我想，如果将这个小故事整理成书，或许能对更多的有兴趣了解并学习现代家具史这个大故事的人们有些帮助。于是，有了您现在拿在手里的这本《现代家具设计史》，希望您能将它当成一本故事书，既能学习现代家具史中人与物的故事，又能分享我们过往学习这些故事的过程中的“故”事。

徐岚

家具艺术设计教师

2013年8月30日

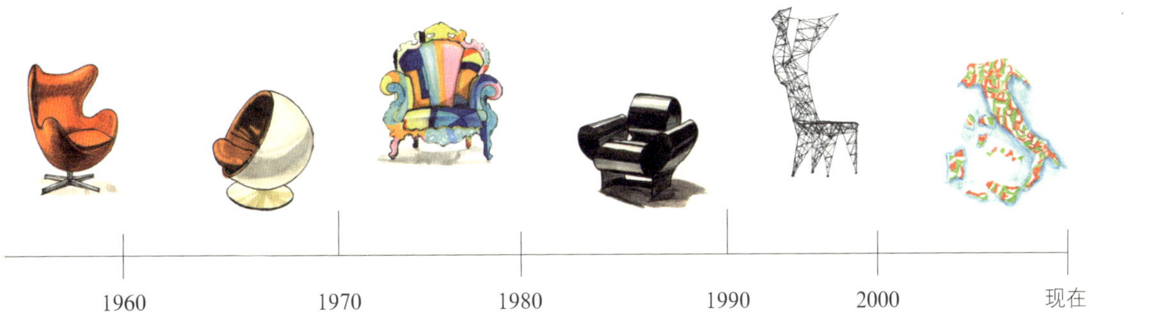

教　案

课程名称　现代家具史

周数　5

学时　80

学分　5

教学目的　现代家具史作为家具设计专业的基础课程，其教学目和任务是使学生通过该课程的学习，熟知现代家具历史的发展脉络及西方近一百年经典家具设计的背景知识和风格特色。

教学内容提纲

（一）现代家具史教学目的、教学方法、教学结果评测等内容的介绍。

（二）现代家具史理论脉络讲述。

（三）学生手“绘”现代家具史经典作品、人物及行为并将其按年代串成现代家具故事。

（四）临“摹”、制作现代家具史经典产品。

教学方法与教具

1. 多媒体课件演示及口头授课相结合。

2. 学生手“绘”大量现代家具史经典作品、人物及行为，从二维视觉角度理解现代家具史的发展脉络。

3. 临“摹”、制作产品的同时解决对具体产品的理解问题。

作业题

1．手“绘”现代家具史图册一本。

2．临“摹”、制作经典产品模型一件。

参考书目

Charlotte & Peter Fiell, *1000 Chairs*, Koln,Taschen, 1997.

方海编著，《20世纪西方家具设计流变》，北京，中国建筑工业出版社，2001年。

菲奥纳·贝克、基斯·贝克著，彭雁、詹凯译，《20世纪家具》，北京，中国青年出版社，2002年。

曾坚、朱立珊著，《北欧现代家具》，北京，中国轻工业出版社，2002年。

朱旭著，《改变我们生活的150位设计家》，济南，山东美术出版社，2002年。

内奥米·斯汤戈著，张帆译，《依姆斯夫妇》，北京，中国轻工业出版社，2002年。

奥塔卡·迈塞尔、桑德·沃尔特曼、卡劳特·凡·维基克编著，屈丽娜译，《坐设计：椅子创意世界》，济南，山东画报出版社，2011年。

Patricia Bueno编著，于历明、于厉战、彭军译，《名家名椅》，北京，中国水利水电出版社，2007年。

教学过程

《现代家具设计史》作为广州美术学院家具艺术设计专业的设计基础课程，其教学目的和任务是使学生通过为期五周的学习与参与，熟知现代家具设计历史的发展脉络及近一百年来的经典家具设计的背景知识和风格特征。

与以往大多数艺术设计类院校开设的《现代家具设计史》这门偏重于理论教学的课程安排有所不同的是，我们在课堂教学中，引入“绘”经典与“摹”经典这两个需要学生动手与动脑相结合的体验式学习环节，并将之与理论知识的讲授环节相结合。

“绘”经典主要是启发学生通过手绘形式，表达自己对现代家具设计历史中的经典作品、设计师及其设计行为的理解，并将其按年代串成现代家具设计故事图例。该部分需要使用固定的教学时间两周，教师通过学生提交的作业评定学生是否能通过恰当的手绘故事图例表达自己对现代家具设计历史中的经典作品、设计师及其设计行为的理解。该部分的几乎所有现代家具设计经典产品及其故事的图例，并没有选用读者们经常从各类其他读物中看到的实景照片，而是从赵慧敏同学的“绘”经典作业中抽取汇编而成。同学们在两周的时间里为了表达自己心中的设计故事或经典产品而接收了无比丰富的知识信息，并高效地将这些理论信息转化为可视的生动绘图。而这正是该课程的核心目标。“部分学生绘作业范例”展示的正是历年来上过这门课程的学生最真实的作业情况。这些作业图纸未必漂亮，但它们真实地记录了这些学生用自己的语言描绘设计历史的过程。

“摹”经典主要是启发学生通过亲手制作一件现代家具设计经典产品的等比例模型而养成深入、细致研究设计历史的治学习惯。我们一直认为，设计历史的构成要素是各个时期的经典产品，而经典产品的构成要素则是实实

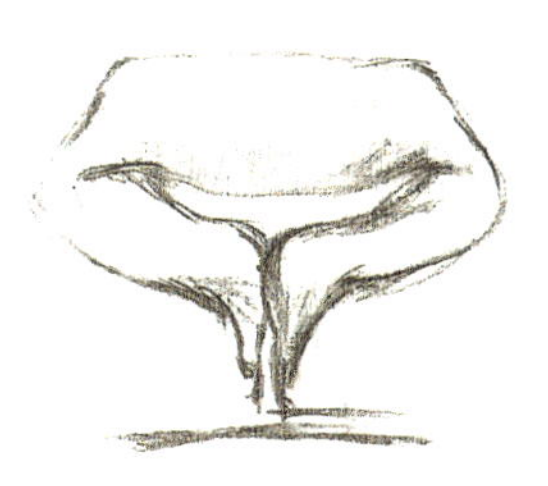

铅笔起稿，注意比例、透视关系。

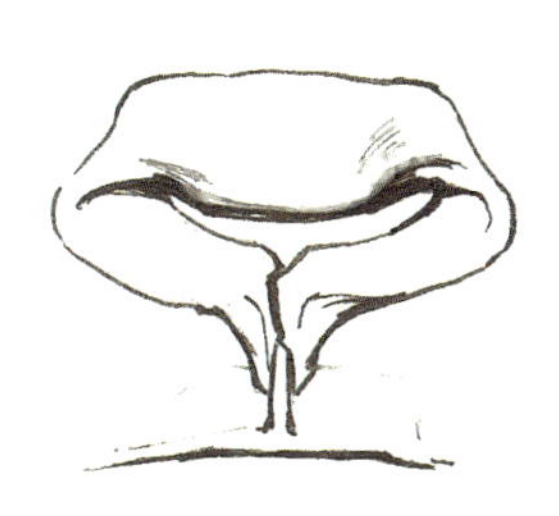

彩色笔勾边，再把铅笔稿擦掉，为了上色干净。

水彩着色，如果你觉得淡彩效果更好、更轻松，画到这里便可收笔。

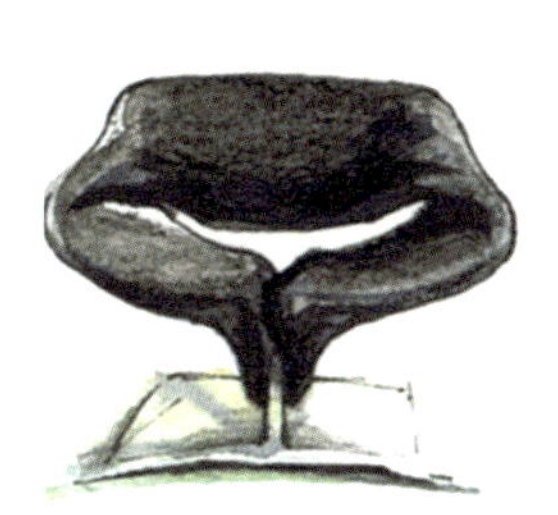

水溶笔或马克笔深入刻画、塑造，注意明暗对比。

在在的材料、结构、工艺及色彩等元素，学生只有精准地理解了构成产品的这些元素，才能亲手制作出一件相对准确的产品模型。通过为期两周的“摹”经典体验式教学，学生既能养成严谨治学的习惯，又能为日后的专业设计学习积累经验。

绘经典 1900—1910

早在 20 世纪初，那些具有极大感染力的设计先驱们就对家具的设计产生了巨大的影响，他们不断探索将新的形态和理念运用于新设计之中的方法，并力图使普罗大众更容易接受。他们不仅改变了人们对周围世界的审美习惯，而且为人们带来了对生活时尚的新理解。包括迈克·索奈特（Michael Thonet，1796—1871）等人在内的现代家具设计先驱们改变了设计的历史，成为新设计时代的开创者，并被一代一代的后来者所追随。

1851 年的伦敦世界博览会后，艺术与工业融合的趋势渐渐形成，大多数人已经开始采用机器生产的产品。然而，机械化产品的普及过程并不是一帆风顺的，工艺美术运动及部分新艺术运动中的家具设计师们主观上看到生产大众家具的重要性，客观上却逃避生产大众家具的最佳途径——机械化生产，认为这样的生产方式只会使家具丑陋无比。英国的威廉·莫里斯（William Morris，1830—1896 等人都持有这样的观点。而美国的弗兰克·劳埃德·莱特（Frank Lloyd Wright，1867—1959）、苏格兰的查尔斯·伦尼·麦金托什（Charles Rennie Mackintosh，1868—1928）、奥地利的奥托·瓦格纳（Otto Wagner，1841—1918）和约瑟夫·霍夫曼（Josef Hoffmann，1870—1956）、比利时的亨利·凡·德·维尔德（Henry Van de Velde，1863—1957）、德国的彼得·贝伦斯（Peter Behrens，1868—1940）等众多设计师看到了机械化大生产的优势，并尝试将之与优秀的设计相结合，使人们意识到机械化大生产并不是家具粗糙和丑陋的根本原因，反而是生产出物美价廉的家具的最有效的方式。这些设计师带着他们充满探索性的家具设计作品成为了现代主义家具设计的“引子”。

20 世纪初，工艺美术运动接近尾声之际，一场更加彻底的改革在德国发生了。这时的德国已经成为世界上工业发展最快的国家，赫曼·穆特休斯（Hermann Muthesius，1861—1927）、彼得·贝伦斯、理查德·利莫切米德（Richard Riemerschmid，1868—1957）等人更加坚定地认识到机械化大生产是设计改革取得成功的金钥匙。他们主张利用工业化生产方式生产出简洁实用、价格合理的大众家具。在他们的共同努力下建立起来的德意志制造联盟最终成为设计领域最具影响力和号召力的团体之一。

奥托·瓦格纳是维也纳学派的核心及导师。维也纳学派是19世纪末形成的现代设计风格的流派，在欧洲大陆影响极大。这个学派在世纪之交产生了一大批设计大师，倡导统一于功能主义的创新意味，以其各具特色的多姿多彩的产品设计，影响着后世许多设计师。

奥托·瓦格纳，扶手椅，1900，奥地利

亨利·凡·德·维尔德，沙发扶手椅，1901，比利时

亨利·凡·德·维尔德，为Müchhausen apartment餐厅设计的椅子，1904，比利时

亨利·凡·德·维尔德是现代家具风格的创造者之一，他像中国古代的孔子一样，以周游列国的方式宣扬他的设计观念，并最终获得举世公认。维尔德的家具设计作品大都创作于世纪之交，其设计力求抛弃无功能的装饰，倾向于采用简洁的设计手法，为紧随其后的一批现代家具设计大师提供了极有价值的借鉴。

约瑟夫·霍夫曼，奥地利

约瑟夫·霍夫曼，餐厅椅，1904，奥地利

1904年霍夫曼为帕克斯多夫疗养院（Sanatorium Purkersdorf）设计的首层餐厅椅可以证明，霍夫曼在1902年游历英国后，设计风格受到麦金托什的影响，趋向于几何构图和纤秀而又富有弹性的细节处理。他的作品有很强的个性，并善于结合传统的高超技艺。

1908年霍夫曼设计的扶手椅也是由Jacob & Josef Kohn弯曲木家具公司于“一战”前生产的。这件作品于1908年首次在维也纳的Kunstschau展出。

约瑟夫·霍夫曼，扶手椅，1908，奥地利

查尔斯·伦尼·麦金托什，克兰斯顿小姐椅，1904，英国

1904 年为克兰斯顿小姐家设计的这张优雅而精细非凡的椅子是麦金托什的代表作之一。克兰斯顿小姐是其设计事务所最大的赞助者，也是最大的顾主。麦金托什在 1918 年设计的折叠餐桌，于 1975 年由享誉全球的意大利卡西纳（Cassina）家具公司生产，有黑柃木、胡桃木和天然樱桃木的材质可以选择，桌面的两边可折叠使用，桌脚的设计很像设计大师的建筑，这种方格的形式在麦金托什的很多设计作品中都有体现。

查尔斯·伦尼·麦金托什，折叠餐桌，1918，英国

科罗曼·穆塞尔，扶手椅，1902，奥地利

科罗曼·穆塞尔（Koloman Moser，1868—1918）的许多家具是为好友霍夫曼的建筑室内设计的，其特点是立方体造型以及对色彩的限制使用，这种特征典型地体现了“分离派”的风格，预示着现代设计运动中几何抽象的形式将要来临。

奥托·瓦格纳的家具设计，主要是为他所设计的建筑室内专门创作的，其中最为成功、影响最广的是他为奥地利邮政银行营业厅设计的扶手椅和方凳。其设计手法具有超前的现代感，铝合金的包饰件用在椅脚上，不仅有装饰作用，更重要的是具有保护功能。

奥托·瓦格纳，Die Zeit 扶手椅，1902，奥地利

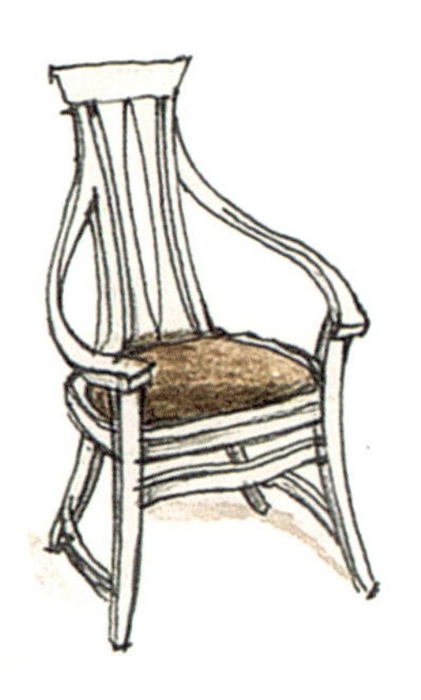

彼得·贝伦斯，扶手椅，1900—1901，德国

彼得·贝伦斯是一位罕见的设计全才，在建筑、家具、平面设计、纺织品设计、玻璃设计、工业设计等多方面均有划时代的建树。他以混凝土、钢、玻璃设计的厂房是现代工业建筑的第一个里程碑，对后世影响巨大。贝伦斯于1907年成为德意志制造联盟最主要的创办人，是现代设计运动最重要的先驱之一。

彼得·贝伦斯，Wertheim 餐椅，1902，德国

绘经典 1911—1920

随着社会的进一步发展，越来越多的设计师意识到：艺术、技术只有与工业生产相结合，才能实现为普罗大众服务的梦想。这种思想在奥地利、瑞士、瑞典等欧洲国家得到了迅速扩展。而1915年在英国伦敦举办的名为“德国、奥地利——设计的楷模”的展览更是直接促使了工业设计协会的成立。该协会通过设计师、制造商、手工艺人及零售商的网络大肆宣传机械化生产方式的优越性。

遗憾的是，1914—1918年间的第一次世界大战使设计师们的探索和努力几乎处于停滞状态，但“一战”期间的荷兰作为中立国逃脱了战争的蹂躏，为前来避难的其他国家的艺术家、设计师们提供了一个庇护所。1917年，皮耶·蒙德里安（Piet Mondrian，1872—1944）、特奥·凡·杜斯伯格（Theo van Doesburg，1883—1931）、格里特·托马斯·里特维尔德（Gerrit Thomas Rietveld，1888—1964）等一些荷兰人组成了风格派。他们认为机械化大生产是生产大众家具的最佳途径，而几何形的组合则是适合机械化大生产的最佳形式。在这些年轻人中，里特维尔德对风格派家具设计的贡献最大。在现代主义设计运动中，他创造了很多具有革命性意义的家具形式。其中，红蓝椅成为现代主义设计在形式探索方面划时代的作品，对现代主义设计运动产生了深刻的影响。不知是必然还是偶然，风格派所强调的“以数学标准创造视觉平衡”的理念正好适应了当时的机械化大生产方式。

古斯塔夫·斯弟克利，抽屉柜，1912—1916，美国

1912—1916 年古斯塔夫·斯弟克利（Gustav Stickley，1858—1942）设计了一件由枫木制成的抽屉柜。对枫木木纹的巧妙运用是作品的成功所在。顶部面板后设置了一块较短的挡板，框架和支架的纹理相垂直，突出的点状把手和变化的抽屉尺寸等因素构成了这件作品的独到之处。

斯弟克利兄弟，带靠背长凳，1912，美国

1912 年斯弟克利（Stickley）兄弟合作设计的带靠背的长凳充分地反映了美国工艺美术运动特色，也充分体现了兄弟二人的设计风格。为了舒适，他们在后背及扶手两边都加上了可以撤换的皮垫，与长凳自然地融为一体。扶手外侧和后背面都镶有拱形的支撑，起到了支撑作用，也与主体框架的直线造型构成对比，多了一分生气。

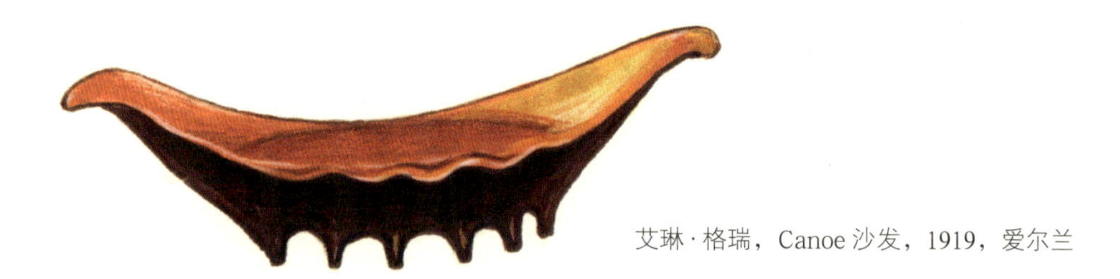

艾琳·格瑞，Canoe 沙发，1919，爱尔兰

艾琳·格瑞（Eileen Gray，1879—1976）是 20 世纪先驱设计师之一，在室内家具及建筑设计方面都有优秀的作品产生，其作品风格比较多样，在装饰艺术风格、现代主义风格及国际主义风格方面都有涉及。

凯尔·克林特，Faaborg 椅，1914，丹麦

凯尔·克林特（Kaare Klint，1888—1954）是丹麦建筑及家具设计师，开拓了丹麦家具设计的现代纪元，在设计实践与教育领域都做出了杰出的贡献，被誉为“丹麦设计之父”。

德国建筑大师沃尔特·格罗皮乌斯（Walter Gropius，1883—1969）在1911 年设计的 Fagus-Werk 大堂扶手椅有着全新的设计理念，黑色的框架结构加上黑白条纹的软包，设计语言简洁、大方，充分体现了结构主义的观念，是一把很有代表性的现代主义设计风格的椅子。

瓦尔特·格罗皮乌斯，Fagus-Werk
大堂扶手椅，1911，德国

格里斯·托马斯·里特维尔德，红蓝椅，
1917—1918，荷兰

红蓝椅是里特维尔德最著名的家具代表作品之一。里特维尔德受到了蒙德里安作品的影响，为椅子涂上红色、蓝色和黄色的真漆及黑色的染料。红蓝椅实际使用时是很舒服的，虽然它看起来给人不舒适的感觉（因坐面、靠背都是光板），只有亲自坐上去，才能真正体会到它的舒适（成功地运用了人体工程学）。

在欧洲大萧条时期，里特维尔德对廉价家具的设计产生了兴趣。他利用航运用的坚实的木板条箱制作椅子、桌子及书架。在这些作品中，里特维尔德只设计简单的基本方木件，由买主自己最后组装成家具成品。

绘经典 1921—1930

虽然一战带给世界的摧毁性打击是巨大的，但它也使人们相信：机械化大生产是战后重建的唯一有效方式。1919 年，瓦尔特·格罗皮乌斯接受魏玛大公的任命，接管了魏玛艺术学院和魏玛艺术与工艺学校，并将两校合并，成立了国立包豪斯学院。该学院在教学上实行前所未有的新制度，学生在校学习时间三年半，前半年攻读基础课程，包括基础造型课、材料研究课及工厂原理和实习，然后根据学生的特长，分别进入后三年的学徒制教育。学校内设置工作场，既是课室又是实习车间，包括编织工作场、陶瓷工作场、金属工作场及木工工作场。值得一提的是，荷兰家具设计大师里特维尔德在木工工作场执教期间，教育学生用严谨的几何结构思考问题，并应用于家具及室内陈设品的设计之中。在他培养的第一代正规家具设计学员中，影响最大的要属马歇尔·布劳耶（Marcel Breuer，1902—1981）。布劳耶出生于匈牙利，18 岁进入刚成立的包豪斯，留校任教后的第一件成功的设计作品便是瓦西里椅。这件作品对设计界的影响是划时代的。

尽管包豪斯的第三任校长密斯·凡·德罗（Ludwig Mies van der Rohe，1886—1969）基本上被看作是一位建筑大师，但其充满创新性的家具设计，包括先生椅、巴塞罗那椅、布尔诺椅等优秀作品，至今仍然影响着我们的生活。

与包豪斯系统的家具设计大师一样，出生于瑞士的勒·柯布西耶（Le Corbusier，1887—1965）也坚定地排斥传统的、与现实生产工艺不相符的设计风格，认为机械化生产方式是诞生具有创新性的设计的最佳平台，他设计的家具作品，包括长躺椅、超级舒适沙发等，体现了现代、合理及实用性的完美统一。

当德国领导的现代主义设计运动进行得如火如荼之际，法国人却领导了另外一场设计运动——装饰艺术运动，虽然这场运动中的设计师们也认为机械化生产方式是不可逃避的，然而他们主张在机械化生产方式的前提下使用贵重的材料，最具代表性的人物就是艾琳·格瑞。从外形上看，我们几乎不能将她设计的作品从现代主义家具设计作品中分辨出来，然而，核心的差异就是它们大都使用了贵重的材料。

20 世纪二三十年代，欧洲先锋设计师的前卫思想与创作实践很少影响到老百姓的日常生活，然而，这一切都因为发生在美国的流线型风格设计而改变了。1929 年的经济危机对美国的打击程度如此严重，工厂倒闭，工人失业，在残酷的市场竞争的背景下，生产商及设计师不得不为降低成本并提升产品的吸引力而努力，他们将欧洲严谨的、几何的、直线形的设计风格与现实的条件相结合，努力开发出既能适应机械化生产方式，又具有吸引力的产品，流线型风格的产品设计就是最终的结果（包括流线型家具），根·韦伯（Kem Weber，1889—1963）设计的家具是这种风格的典型代表。

艾琳·格瑞，Non-Conformist 扶手椅，1926，爱尔兰

艾琳·格瑞生于爱尔兰一个富足并充满艺术气氛的家庭，幼年时就有强烈的个性和执著的精神。格瑞的家具设计几乎完全摒弃历史因素，成为传达现代设计观念的显著符号。她坚信机器时代的设计应该有其全新的面目，20年代她设计的两件独特的折叠椅与所有的历史先例毫无联系，完全创新。

与当时大多数现代设计大师一样，格瑞的许多家具都是为客户的现代建筑空间专门设计的。Transat 椅是为被称为 E-1027 的房子设计的配套家具之一。它坐起来很舒服，椅子的框架由上了漆的实木构成，通过铬钢连接件与靠背及坐面连接。靠枕为皮料，可调节角度，坐面的皮料很高档。所有构成要素都体现着这把椅子的高贵，它与海岸线旁的别墅整体环境非常吻合。

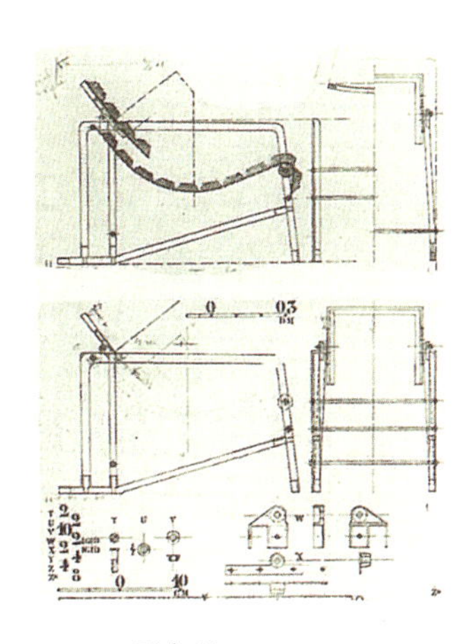

艾琳·格瑞，Transat 折叠扶手椅，1925—1926，爱尔兰

里特维尔德是一位关注社会、关注普通人的生活的设计师，尽管其设计中不断出现革命性手段，但为社会大众服务始终是他的设计宗旨。在30年代经济萧条时期，里特维尔德开始用最廉价的普通板材设计家具，完成了命名为“大众艺术”的系列家具设计，以后几十年中，以普通钢管、板材、胶合板为主体材料的设计构成了这位经典设计大师家具设计中的主体。

格里特·托马斯·里特维尔德，Beugel Stoel椅，1927，荷兰

凯尔·克林特，椅子及扶手椅，1927，丹麦

凯尔·克林特，桃花木餐具柜，1930，丹麦

在批量生产和标准化联手之际，凯尔·克林特是第一个在创造设计作品的过程中研究人们的需求的设计师。他从使用者的角度出发，探索最适合使用者使用的最佳途径，将材料学、工程学应用到设计中，良好地解决了使用者与机器生产出的产品的协调问题。

1930年的桃花木餐具柜是克林特严格依据人们的日常生活需要而设计的。他研究了人们放置什么样的物品在什么样的柜子里，由此设计了桃花木餐具柜的抽屉和搁架。这件作品的尺寸和设计都是根据存放物品的性质确定的，利用抬高的支架减轻了柜子的视觉重量，滑动门带底色的嵌板上装有凹式扣门和拉手以便于搬动，底部安装的搁架也非常实用，可用于物品的分类摆放，使之不必在地上进行。

皮尔瑞·查里奥，靠背椅，1927，法国

皮尔瑞·查里奥（Pierre Chareau，1883—1950）是法国早期现代主义设计运动中最有影响的人物，是以室内、家具设计为主要领域的著名设计师。查里奥的家具设计在充分体现国际现代风格的同时，也颇能展示出法国的设计传统，对贵重材料的使用使他的家具看起来很庞大，有一种现代奢华气质。与此同时，查里奥也有许多构思新颖、形象前卫的家具设计。

皮尔瑞·查里奥，"古典"沙发，1928，法国

夏洛特·帕瑞安德躺在躺椅上进行测试

勒·柯布西耶，法国

勒·柯布西耶、夏洛特·帕瑞安德 1928 年合作设计的躺椅

勒·柯布西耶是 20 世纪最伟大的设计师之一。1928 年与夏洛特·帕瑞安德（Charlotte Perriand, 1903—1999）合作设计的长躺椅是柯布西耶不多的家具作品中的代表作之一，使用者可以自己选择躺椅仰靠角度，在躺椅上可垂腿坐或躺卧等各种姿势，还可以将椅身从底座上取下来当摇椅。椅子起伏的弯管钢架采用了当时流行的可调抛光镀铬或哑黑色搪瓷材料，坐垫的材质有马毛、牛皮、特殊米色帆布可以选择。由于椅子坐起来非常舒服，自著名的卡西纳家具公司于 1965 年开始生产这件作品以来，至今仍在销售，这足以证明作品的舒适设计品质。

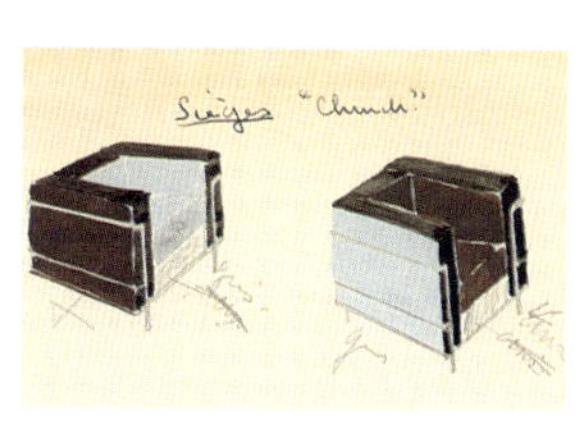

勒·柯布西耶、夏洛特·帕瑞安德、皮尔瑞·吉纳瑞特，超舒适沙发，1928，法国

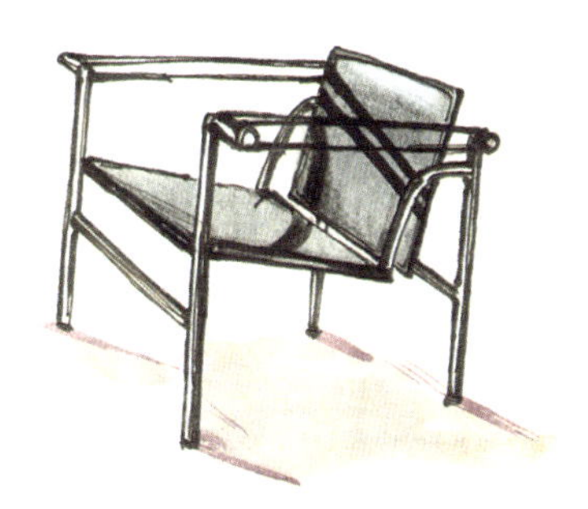

勒·柯布西耶、夏洛特·帕瑞安德、皮尔瑞·吉纳瑞特，Basculant 椅，1928，法国

1928 年对于勒·柯布西耶、夏洛特·帕瑞安德和皮尔瑞·吉纳瑞特（Pierre Jeanneret，1896—1967）设计组合来说，是多产的一年。Basculant 椅，在视觉上与使用上都很轻便。它看起来很像机器，这正是柯布西耶当时所提倡的。扶手上的皮带类似于机器上的传送带，而靠背的造型处理也增加了一种机器的运动感。

1928 年的另一件作品超舒适（Grand Comfort）沙发体现了柯布西耶以人为本，特别是注重舒适感的家具设计倾向。这件作品使用的简化与暴露的设计语言直接体现了早期现代主义的设计主张。几块立方体的皮垫依次嵌入非常细小的弯曲钢管框架，直截了当又便于清洁。它既是一件高贵的家具，又是一件使用起来非常方便的家具。这件作品也是在 1965 年由卡西纳公司正式生产。

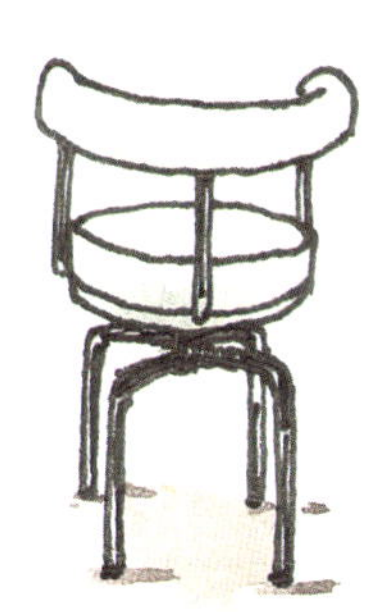

勒·柯布西耶，B302 餐厅椅，1929，法国

在柯布西耶看来，现代人类生活中经过设计的环境其实都是机器化的。他曾经说过，50 多年当中，钢筋混凝土已经占据了统治地位，这是结构有足够的力量驾驭形式的标志。

瓦尔特·格罗皮乌斯，包豪斯魏玛校舍的扶手椅，1923，德国

瓦尔特·格罗皮乌斯是第一代现代建筑设计大师、20世纪最重要的建筑教育家，对家具设计也有很深刻的研究。1919年他被任命为魏玛工艺设计学校的校长，很快着手将另一所美术学校合并进来，成立了对现代社会影响最大的设计学派——包豪斯学院，并担任校长。

格罗皮乌斯的家具设计集中在20年代的包豪斯时期，其观念全新，手法大胆，受到结构主义思想的影响。

马歇尔·布劳耶，瓦西里椅，1925，德国

马歇尔·布劳耶，悬挑椅，1928，德国

布劳耶为康定斯基住宅设计了瓦西里椅，作品展现了他在包豪斯所受到的影响：其方块的形式来自立体派，交叉的平面构图来自风格派，暴露在外的复杂的构架来自结构主义，弯曲钢管的设计充满新意。瓦西里椅后来由世界许多厂家生产过，至今仍以各种变体形式制作着。

自设计瓦西里椅成功后，布劳耶继续探索弯曲钢管的进一步开发利用，在1929年设计出第一件充分利用悬臂弹性原理的休闲椅。这件休闲椅的坐面、扶手都有弹性，体现出对家具舒适度的进一步考虑。布劳耶认识到这种材料会给人触觉上的冷漠感，因此从一开始就考虑采用手感好的材料，如帆布或皮革，编藤和软木，这样人体就不会与冷漠的钢管直接接触。

密斯·凡·德罗，巴塞罗那椅，1929，德国

著名的巴塞罗那椅是现代家具设计的经典之作，被多家博物馆收藏，是密斯·凡·德罗为1929年巴塞罗那世界博览会中的德国馆设计的。这是件体量超大的椅子，显示出高贵庄重的身份。这件椅子的不锈钢构架呈弧形交叉状，既优美又有功能。所有构件都是手工磨制而成，两块长方形皮垫组成了坐面及靠背。

巴塞罗那椅连同德国馆引起了前去参观的捷克人图根哈特夫妇(Tugendhats)的注意，他们于次年邀请密斯·凡·德罗为其在家乡布尔诺（Brno）设计住宅及家具，并要求与巴塞罗那世界博览会的德国馆及其家具的风格一样。密斯·凡·德罗为他们设计了一组家具，用与巴塞罗那椅相同的材料和工艺制作而成。其中，布尔诺椅以主人所在的城市命名，是为餐厅设计的餐椅。

密斯·凡·德罗，为图根哈特住宅设计的布尔诺椅，1929—1930，德国

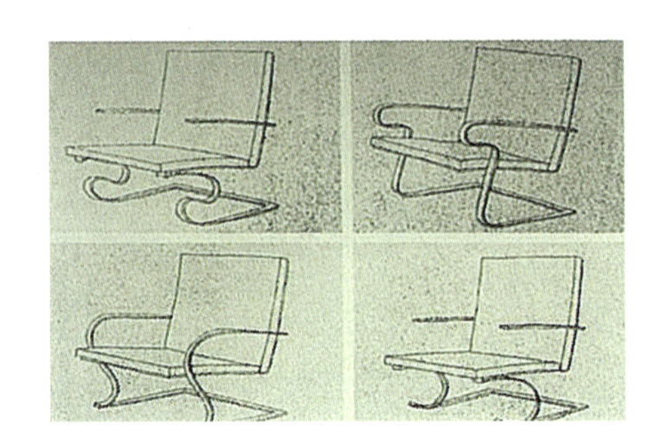

密斯·凡·德罗，为图根哈特住宅设计的悬挑扶手椅（70号先生椅），1930，德国

两次世界大战之间是密斯·凡·德罗的第一次创作丰盛期。1927年在斯图加特主办的现代住宅展览会（展出欧洲各主要现代建筑师的作品）上，密斯·凡·德罗在自己设计的4层公寓中，布置了刚完成的先生椅（MR Chair），这件先生椅后来又被密斯以同样的构图手法加上扶手，显得天衣无缝，更加高雅。这些高贵的椅子的造价也是昂贵的，但社会的需求始终不断，其变种亦在后来的生产中不断出现。

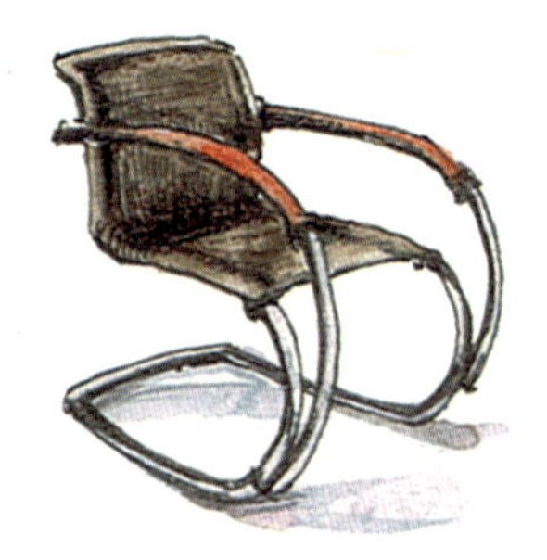

密斯·凡·德罗，悬挑椅及悬挑扶手椅，先生椅系列，1927，德国

绘经典 1931—1940

与欧洲功能主义设计美学和美国大众商业设计美学不同，此时的北欧家具设计师在“为大众设计”这个共同的目标下，努力使设计更加人性化。北欧四国处于北极圈附近，拥有漫长的冬夜，家成为人们日常生活、交流和聚会的主要场所，北欧人更加重视家具设计的人情味。另外，由于特殊的自然条件——森林覆盖面积很大、木材资源丰富，北欧的家具设计师们也更钟爱运用天然材料。其中，凯尔·克林特是丹麦现代家具设计的开山鼻祖，他善于将现代生产技术与传统精华相结合。他建立的哥本哈根皇家艺术学院家具设计系培养出众多家具设计大师，如穆根斯·库奇（Mogens Koch，1898—1992）、布吉·莫根森（Borge Mogensen，1914—1972）、汉斯·韦格纳（Hans Wegner，1914—2007）等。丹麦设计学派由此得以形成并迅速发展。

与克林特同时开始家具设计活动的芬兰设计大师阿尔瓦·阿尔托（Alvar Aalto，1898—1976）在家具设计上的突出贡献是对弯曲木家具形式的研发。他对弯曲木材时所需的胶进行了一定的改进，成功地使木材能像钢材一样弯曲并被做成家具。阿尔托利用这种技术于1930—1931年间，为帕米奥疗养院设计了使用方便、造型优美、具有人情味的帕米奥椅。

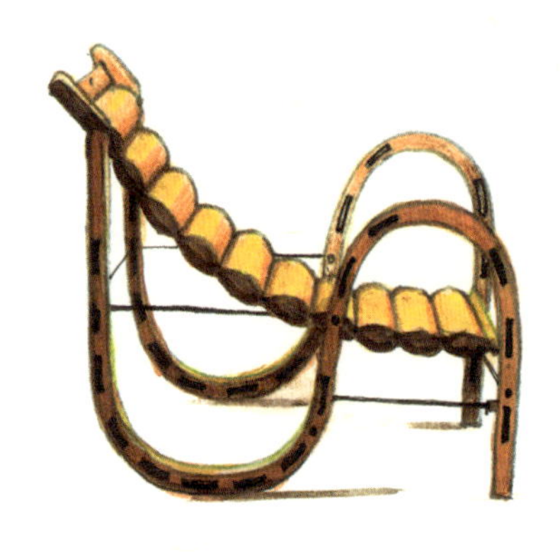

艾琳·格瑞，“S”半折叠椅，1932—1934，法国

查尔斯·伊莫斯、埃罗·沙里宁，单板模压椅，1940，美国

1940年，查尔斯·伊莫斯（Charles Eames，1907—1978）与埃罗·沙里宁（Eero Saarinen，即小沙里宁，1910—1961）合作设计的胶合板椅（单板模压椅）是查尔斯·伊莫斯的成名作。作品的独特之处在于其单板模压的三维构件，并使用了新发明的橡胶连接件，有效地连接起胶合板构件和铁构件。这两项创新对以后的家具设计的影响很大，成为世界各国设计师普遍采用的方法。这把椅子符合当时美国小而讲究的经济家庭需求。

阿尔瓦·阿尔托，Paimio 椅，1930—1931，芬兰

帕米奥（Paimio）椅是阿尔瓦·阿尔托为他早期的成名建筑帕米奥疗养院设计的。这件简洁、轻便又充满雕塑美的家具，使用的材料是阿尔托三年多来研制的层压胶合板，在充分考虑使用功能的前提下使其整体造型非常优美。这把椅子的卷形椅背、椅座、椅腿和扶手是由桦木多层复合板制成的，结合成为流畅的整体，开放的框架曲线柔和亲切。其造型简洁，使用方便，被认为是对国际主义风格的修正。

1930 年阿尔托开始为维普里（Viipuri）图书馆设计一种叠落式圆凳。到 1933 年，他终于成功设计出后来被称为“阿尔托腿”的层压桦木 90 度。其弯曲的结构轻而易举地解决了椅凳设计历来的核心难题——面板与承足的连接，于 1935 年获得专利。该椅能够叠落存放。

阿尔瓦·阿尔托，60 号 Viipuri 胶合板叠落三足凳，1932—1933，芬兰

阿尔瓦·阿尔托，31号层压胶合板悬臂椅，1931—1932，芬兰

1933年问世的层压胶合板悬挑椅是阿尔托在家具设计领域取得的伟大成就。在这之前，人们一直认为钢材是唯一能用于这种结构的材料。然而，阿尔托却在经过反复的实验后确信层压胶合板也具有这样的性能，并成功地设计出了世界家具历史上的第一把层压胶合板悬臂椅。

阿尔托乐于挑战，总是试图解决不寻常的设计问题。他对层压胶合板结构兴趣很大，之后许多年都在这种结构的基础上不断翻新设计，如1936年设计的躺椅和用帆布条编织物作为坐面靠背的悬挑椅。而后阿尔托又在设计中采用不同的色彩和材料，使作品呈现出多姿多彩的面貌。

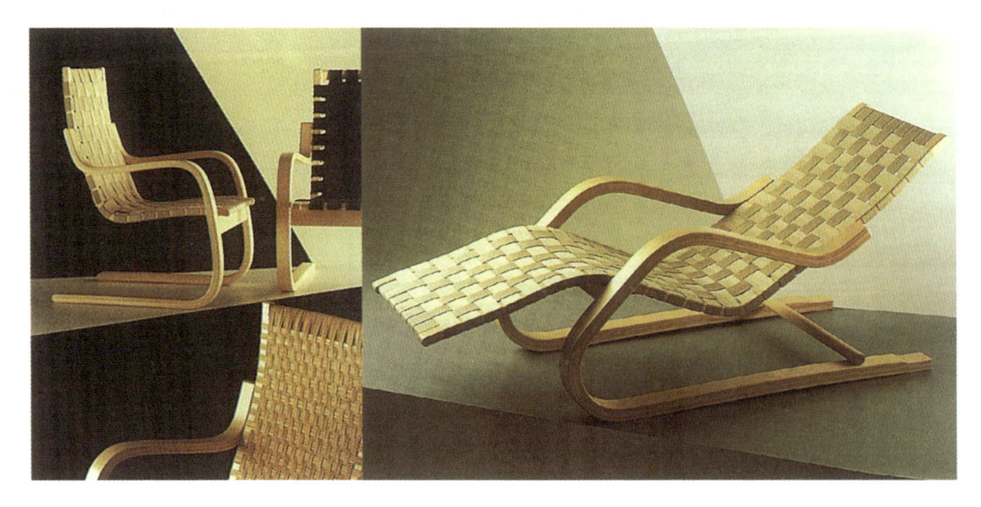

阿尔瓦·阿尔托，43号胶合板悬挑椅，1936，芬兰

根 · 韦伯，美国

根 · 韦伯，航空扶手椅，1934—1935，美国

根 · 韦伯于 1934—1935 年设计的航空扶手椅充分地体现了美国 20 世纪 30 年代兴起的流线型设计风格，非常贴近利用飞行动力原理改变飞机和汽车造型的设计前景。椅子的主要设计特点在于它的悬臂结构，人坐在上面产生实际压力时，侧撑可以给予更多的支撑力，而椅子两端两点一线的加强结构则使椅子的受力范围变得更大。

根 · 韦伯，木桌（具体的作品名及创作年不详），美国

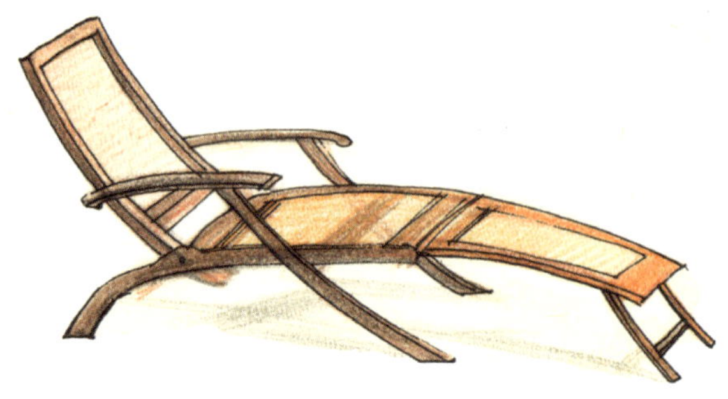

凯尔·克林特，Deck 椅，1933，丹麦

凯尔·克林特是丹麦现代设计学派的开山鼻祖，他设计出了许多极其现代而又充满人情味的“传统家具”。1933 年的 Deck 椅（甲板椅）是克林特设计的最成功的家具作品之一。这件作品是在对传统家用甲板椅进行再设计的基础上完成的，椅面由藤条编织而成，方便躺卧的部分可以折叠收放在坐面以下，椅子本身也可以折叠存放，以减少存放空间。即便是在今天，克林特设计的这件作品仍被认为是最漂亮的甲板椅。

凯尔·克林特，Safari 拆装式椅，1933，丹麦

布鲁诺·马松，Eva 扶手椅，1934，瑞典

1934 年设计的 Eva 扶手椅是布鲁诺·马松（Bruno Mathsson，1907—1988）的弯曲木家具代表作之一。这件作品由麻编的椅背和椅座、桦木框的扶手和椅腿构成，其中，扶手和椅背加强的曲线明确地表现出人体的特点。

马松是北欧家具设计的先驱者、瑞典家具设计大师，也是最早研究人体工程学并取得成功的现代家具设计师。他热衷于解剖学的研究，设计的作品大都是通过分析人体结构而形成的，带有人体科学的美感，也很轻巧。

布鲁诺·马松，Pernilla 休闲椅，1934，瑞典

穆根斯·库奇，折叠椅，1932，丹麦

穆根斯·库奇以进化论的眼光看待历史上所有的设计，从中选择自己喜爱的种类进行彻底深化的研究。库奇的家具设计都是非常实用的家居用品，在使用上符合人们的生活习惯，这是丹麦学派中的主流设计哲学。库奇一生对折叠椅的设计兴趣最大，他选择的设计点并非大多数人青睐的“中国式折叠”，即以使用者坐姿的前后方面进行折叠，而是“欧洲式折叠”，即从使用者坐姿的左右方向进行折叠。库奇是后一种折叠椅设计领域最成功的设计师，设计出了一系列完善的折叠椅、折叠凳、折叠桌以及折叠床等作品。库奇的折叠家具都是以木料为架构，以帆布或皮革作为坐面和靠背，不仅在其本国、北欧很流行，也很快在英国等其他欧洲国家和美洲大陆风行。

库奇的设计生涯也告诉人们一个简单的道理：选择一个合适的设计突破口，对设计师而言已成功了一半。

芬·尤尔，Pelican椅，1940，丹麦

芬·尤尔(Finn Juhl，1912—1989)是北欧丹麦学派的著名家具设计师，他将工艺与现代艺术巧妙地结合起来，创作出非常耐看的家具，被认为是幽雅的艺术创造，在为丹麦学派赢得国际声誉方面立下了汗马功劳。尤尔的家具作品体现出向有机形式靠拢的新设计理念，他的设计创作受到原始艺术和抽象雕塑的强烈影响，偏爱柔美的曲线，对体量感有着良好的控制，其作品像是完美的雕塑。

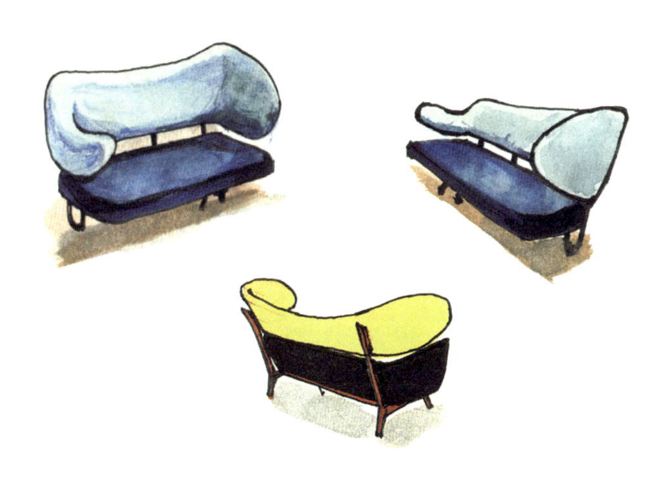

格里特·托马斯·里特维尔德，Z 型椅，1932—1934，荷兰

杰拉德·萨莫斯（Gerald Summers，1899—1967），弯曲胶合板扶手椅，1933—1934，英国

让·布维（Jean Prouvé，1901—1984），安东尼椅，1931，法国

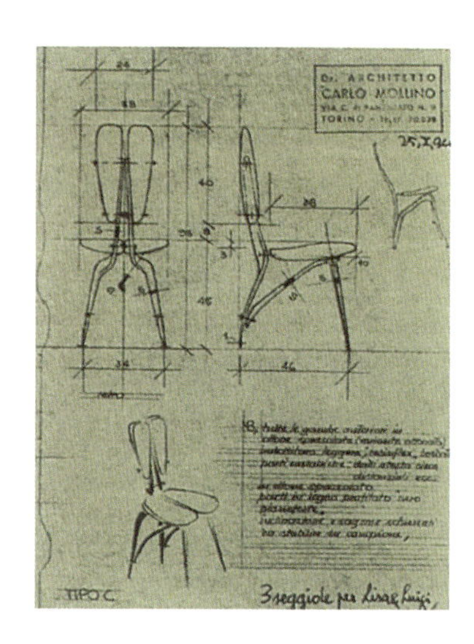

卡罗·莫里诺，为庞蒂家庭设计的餐椅，1940，意大利

卡罗·莫里诺（Caro Mollino，1905—1973）的家具设计非常有个性，尤其是在对形式的探索方面。1940 年，应意大利设计界的吉奥·庞蒂（Gio Ponti）夫妇的请求，莫里诺为他们设计了一件独特的椅子，由铜构架和皮革包面的坐垫及靠背组成，其坐面和靠背的双分叉造型反映出莫里诺对仿生形态的浓厚兴趣。

绘经典 1941—1950

20 世纪 40 年代前后的第二次世界大战，使 30 年代起步发展的消费工业陷入停滞状态。大多数国家都被卷入这场无情的战争，将焦点集中于为战争提供必要的资源，生产商也都改变生产方向，工业部门几乎成为了为战争服务的机器。政府在消费品领域实行严格控制。在英国，多种材料被限制使用，如木材、尼龙、钢材、铝等。1941 年，英国贸易委员会引入了“实用家具”项目，严格限制家具生产商按照 20 个标准样式进行生产，使每件产品都结实、耐用。1942 年，实用家具咨询委员会建立，它的主要目的就是监督家具企业的发展规划，使企业生产的产品具有简单的结构、普通的外形及功能性。而此时的美国，因为材料的限制使用条例，设计师们开始研发新型材料，其家具设计领域因此诞生了非常多的新项目。例如查尔斯·伊莫斯与埃罗·沙里宁于 1940—1941 年合作设计的胶合板椅，这件作品使用橡胶连接件，有效地连接起胶合板构件与铁构件，获得了纽约现代艺术博物馆家具设计竞赛的金奖。这项创新日后成为世界各国设计师普遍采用的设计方式，而产品的整体造型则开辟了“三维家具”的新道路。

二战后的 50 年代中后期，虽然材料的使用仍然受到限制，但在美国和欧洲举办了一系列旨在促进战后日常用品销售的展览，如 1946 年在米兰举办的想象力前卫的低价家具展、在伦敦举办的“英国能够制造它”展览，1948 年在纽约现代艺术博物馆举办的“低造价家具设计竞赛”等。总之，整个世界对设计的态度呈现出一派乐观的景象。这段时期，设计发展最快的要属美国。一方面，由于远离欧洲战场，“二战”对美国的影响很小，又从军火生意中获得了巨额利润，国家实力显著增强。另一方面，欧洲包豪斯系统中的一大批设计师为了逃离战争而来到美国后，在设计领域发挥了自己的作用。在他们的努力下，美国设计实力显著增强，超越了战败后的德国，家具设计也不例外，出现了伊莫斯夫妇（Charles and Ray

Eames)、埃罗·沙里宁、乔治·尼尔森(George Nelson，1907—1986)、哈利·博托埃(Harry Bertoia，1915—1978)等家具设计大师。他们吸收各地设计师的思想精华，利用美国蓬勃发展的新材料、新技术，创造出方便使用又美观时尚的家具。随着战后经济的复兴，美国及欧洲很多国家都进入了消费时代，现代主义冷漠、呆板、几何化的形式也逐渐改善，更加有机的新形式在新材料、新技术的基础上得以产生。

罗宾·戴，英国

罗宾·戴，Hillestack 椅，1950，英国

罗宾·戴（Robin Day，1915—2010）是英国二战后最具影响力的家具设计师，一生追求真正的现代设计。他曾说："我个人认为皇家艺术学院在走下坡路，我感到很迷惘、孤独和矛盾。在这里，现代艺术、手工艺设计都可以找到合适的课程，而唯独现代设计几乎是一片空白。这里没有现代家具设计、现代室内设计等方面的合适课程，结果，我几乎只能靠自学。"1950年，戴设计开发的名为"希尔"（Hille）的家具系列采用了弯曲胶合板，体现了他希望将一种物美价廉的现代设计带给"二战"后的英国老百姓的设计理念。

罗宾·戴，皇家节日音乐厅扶手椅，1951，英国

伊莫斯夫妇，LCW 椅，1945，美国

伊莫斯夫妇于 1945 年成功地设计出 LCW 椅和 FSW 屏风，由著名的赫曼米勒（Herman Miller）家具公司生产。五个部件裁自单张复合板，经过模压和弯曲制成，LCW 椅的五个部件既保持独立，又能组合在一起构成整体。椅座和椅背经过模制，以一种符合人体工程学的轮廓安装。黑橡胶的防震座将椅座、椅背及渐缩的椅腿连接起来，进一步增强了中心支撑的自然弹性。

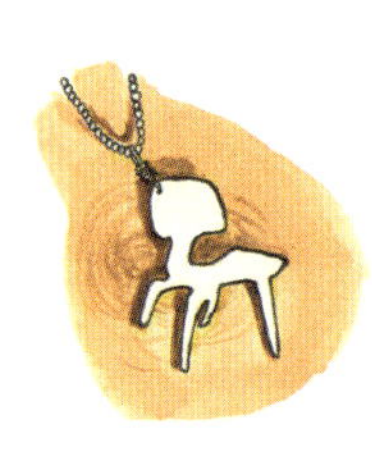

伊莫斯夫妇，FSW 屏风，1946，美国

伊莫斯夫妇，美国

伊莫斯夫妇，LCM 系列椅，1945—1946，美国

伊莫斯夫妇俩接着又设计出了以金属做椅腿的 LCM 椅，广受欢迎。1951 年，赫曼米勒家具公司仅在美国一个月就售出了 2000 件这种椅子。

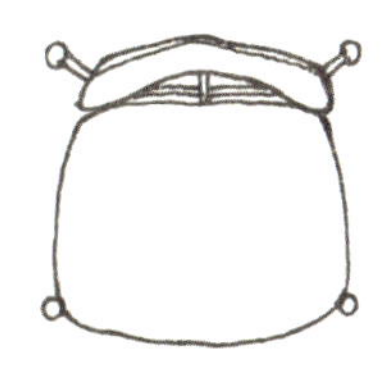

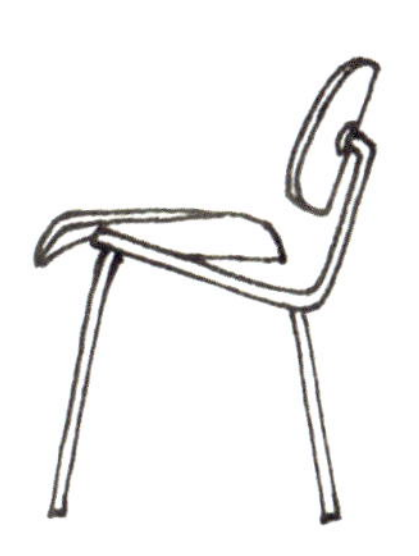

伊莫斯夫妇，DAR 椅，1948—1950，美国

1948—1950 年，伊莫斯夫妇设计了模制的单件坐具与腿足简单结合的 DAR 椅系列，对家具设计的影响同样非常巨大。其新材料聚氨酯中色彩的加入给这个椅具系列增添了无穷活力。

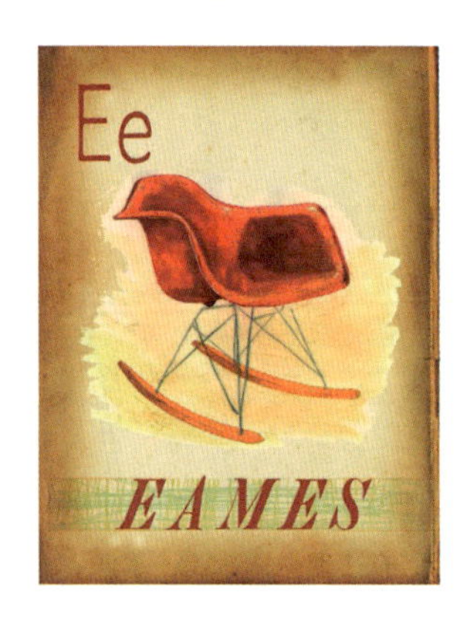

伊莫斯夫妇，RAR 摇椅，1948—1950，美国

伊莫斯夫妇，Zenith 塑料椅，1950—1953，美国

伊莫斯夫妇合作设计的第一件商业作品并不是家具，而是“二战”时为美国军队做的一些设计。1942 年，伊莫斯夫妇受命设计一种以胶合板为材料的腿夹板及一些飞机部件。经过努力，到战争结束时，他们共生产了 150000 副夹板，并掌握了胶合板部件批量生产的技术，为日后用此种技术制作家具打下了基础。

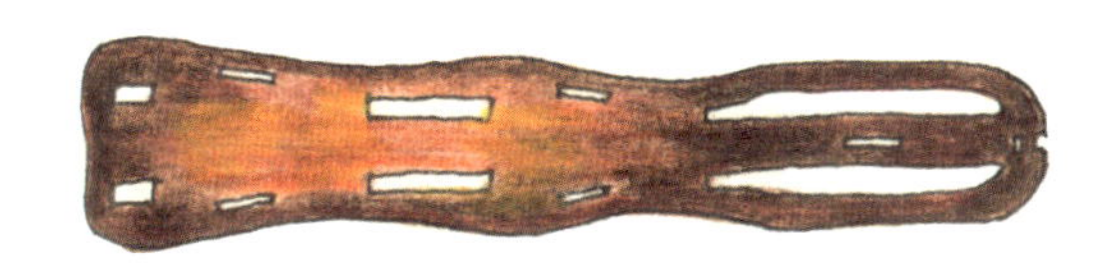

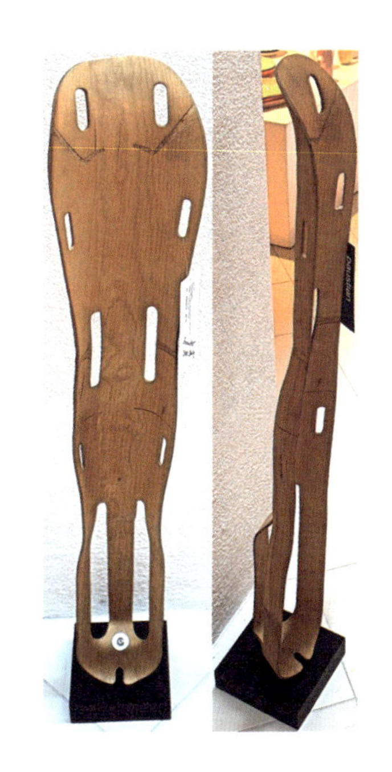

伊莫斯夫妇，军用夹板，1942，美国

布吉·莫根森，沙发床，1945，丹麦

丹麦设计师布吉·莫根森的设计理念可以概括为“越简单越好”。他的家具都是为普通民用设计的，尤其适合青年人，深受一大批思想进步又留恋传统的中产阶层喜爱。

美国设计师杰斯·里索姆（Jens Risom，1916— ）在1942年设计的WSP椅，有着原木色的实木框架结构，突破了传统的软包或木板坐面，转而采用特殊的有弹性的布带编织物，如此使得椅子既非常轻便，又具有很好的舒适度。

杰斯·里索姆，666号WSP椅，1942，美国

马可·扎努索（Marco Zanuso，1916—2001），Antropus 椅，1949，意大利

卡罗·莫里诺，为 Casa Minola 别墅设计的 Ardea 扶手椅，1944，意大利

意大利设计师卡罗·莫里诺，为 Casa Minola 别墅设计的 Ardea 扶手椅，底座采用黑色金属钢架，聚氨酯泡棉填充，有皮或布面外包，由意大利扎诺塔（Zanotta）公司生产。

丹麦设计师汉斯·韦格纳认为：“一件家具永远都不会有背部。”他说，买家具时最好先将一件家具翻过来看看，如果底部看起来能令人满意，那么其余部分应该是没问题的。

汉斯·韦格纳，折叠椅，1949，丹麦

汉斯·韦格纳，中国椅，1943，丹麦

1944 年，韦格纳受命设计一种木制椅，要求用最少的材料做成有着弯曲木效果的扶手椅，韦格纳为此构思了多种方案，但始终不能令人满意，直到有一天看到中国圈椅才茅塞顿开，于是以中国圈椅为主题，一口气设计了四种中国椅，各具特色。

韦格纳设计的中国椅获得了高度赞扬。此后数十年，韦格纳的中国椅设计一发不可收拾。但最轰动，并被称为设计史上最漂亮的椅子的 Round 椅则于 1949 年完成，这件经典之作将中国明式圈椅简化到只剩最基本的构件，每一构件又被推敲到“多一分嫌重，少一分嫌轻”的完美程度。这件椅子适用于多种场合，在国内外均获得巨大的商业成功。

汉斯·韦格纳，Y 形椅，1950，丹麦

汉斯·韦格纳，Round 椅，1949，丹麦

从 40 年代开始，韦格纳的中国椅设计一直延续到其逝世。

他于 1947 年设计的孔雀椅是从中国明式椅与传统的温莎椅中汲取养分设计的，这张实心槐木框架椅由柚木的扶手和纸线椅座组成，像孔雀开屏一样令人喜悦。

韦格纳坚持利用本地的自然材料，采用本地的传统工艺，走既传统又具有现代感的设计道路，设计的作品受到人们的喜爱。就椅子设计而言，韦格纳认为椅子是否舒适，除了各项尺寸符合人体的生理需求外，能变换就座姿势也是重要的因素之一。

汉斯·韦格纳，孔雀椅，1947，丹麦

设计师芬·尤尔坐在酋长椅上

1949 年设计的酋长椅是芬·尤尔的家具设计作品中最著名的一件。这把椅子因费德里奇九世国王在一次展览开幕式上坐过而得名“酋长椅”。这把核桃木皮椅由弯曲渐缩的竖向构件和扁平的横向构件组装而成，两侧的斜撑也呈弯曲形，所有的构件都露在外面并各呈不同的角度，每个构件都有明确的用途，显得错综复杂。

尤尔的家具设计作品的手工艺水平非常高超，其大部分后来都被美国密歇根（Michigan）的贝克（Baker）家具公司正式生产。

芬·尤尔，酋长椅，1949，丹麦

芬·尤尔，NV-45 椅，1945，丹麦

厄尼斯特·雷斯，英国

厄尼斯特·雷斯，BA 椅，1945，英国

BA 椅是厄尼斯特·雷斯（Ernest Race，1913—1964）的家具设计代表作之一。椅子非常轻，因为整件作品几乎由铝材制成，有带扶手和不带扶手的不同版本。这件作品在 1951 年的米兰世界博览会上获得了金奖。

1950 年，雷斯为英国皇家庆典的露天平台会场设计了 Antelope 桌椅系列，由弯曲的钢条和层压胶合板组成，椅子的腿部被四个圆球体支撑着，充满了浓郁的园林情调。这些简单材料的使用缘于国家材料配给的限制，既满足了政府及大众对家具物美价廉的物理层面的需要，也满足了他们对家具审美的精神层面的需要。

厄尼斯特·雷斯，Antelope 桌椅系列，1950，英国

埃罗·沙里宁，Womb 椅，1947—1948，美国

埃罗·沙里宁设计的 Womb 椅（子宫椅）是他最著名的家具作品之一。他一直追求独一无二的带有有机感的设计，也一直关注人性化的研究及其与家具设计之间的联系。Womb 椅被公认为 20 世纪最舒服的椅子之一，其设计构思源自对人体舒适感的分析。这把椅子后来发展成完整的系列，包括沙发、凳子，都非常成功。

美国设计师哈利·博托埃说：“在雕塑中，我最关注的是空间、形式及材料的特性，而在家具设计中，许多功能问题都必须被考虑到，不过，当你做完这部分工作之后，家具设计关注的仍然是空间、形式及材料。当你做到这些时，家具就像雕塑，是由空气组成的，形成流动的空间。”Bird 椅充分体现了作为雕塑家的哈利·博托埃的家具设计才能，功能与艺术完美结合，不仅坐感舒适，同时也体现了设计师对空间和形体美感的诉求，获得了巨大的商业成功。

哈利·博托埃，Bird 椅，1950—1952，美国

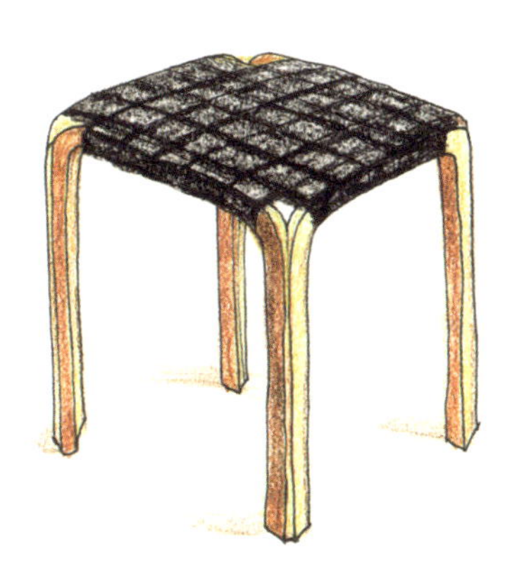

阿尔瓦·阿尔托，Y 足凳，1946—1947，芬兰

Y 足凳是阿尔托的一件令人叹为观止的家具设计杰作，它以微妙而精巧的技术创造出一种非常漂亮的扇形足（也称 Y 形足），并直接与坐面相连。这种扇形足充分体现了结构的可能性和木料的自然美，无论是阿尔托本人还是公众，都认为这是他对现代家具节点的探索中最美的成果。这种 Y 足凳系列有三足、四足、五足、六足等，加上材料、面料的变换，组成了一个家具大家族。

日裔美国设计师野口勇（Isamu Noguchi，1904—1988）的作品非常雕塑化。“二战”后，生动的充满人情味的造型艺术设计受到欢迎，野口勇设计的咖啡桌充分地满足了这一新需求。他放弃了传统桌椅都是四条腿的界定，选择了雕塑的形式语言，在三角形的玻璃桌面下，创造性地将桌腿设计成由两块有机造型的支撑体连接构成的一点一线的支撑结构。

野口勇，咖啡桌，1948—1973，美国

绘 经典 1951—1960

“二战”后的重建工作一直持续到20世纪60年代初，欧洲的家具设计师们羡慕在美国所发生的一切，那里诞生了那么多有魅力的新产品。英国政府也意识到促进设计发展的迫切性，建立了旨在提升产品设计水准的英国工业设计协会。1951年，协会策划主办了自1851年大英世界博览会以来在英国举办的最大展览——“英国的节日”，展出了包括家具在内的近千件创新产品。其他国家也纷纷建立了自己的设计协会，比如1949年成立的荷兰设计协会、1951年成立的西德设计协会、1953年成立的日本设计协会等。“好设计”的标准在这段时间被这些设计组织广泛地在生产商中进行宣传，“合理的设计”、“简化的制造工序”、“审美与功能的细致考虑”等因素成为检验设计是否优秀的核心标准。

1950年，纽约现代艺术博物馆举办了名为“好设计”的展览，并因此搜集了许多符合该设计标准的优秀设计作品。1956年，英国工业设计协会在伦敦设立设计中心，展示那些符合“好设计”标准的典型产品。1954年，意大利工业设计协会设立“金圆规”奖，目的也是促进“好设计”的发展。60年代中期，一批起步于20世纪20年代、强调功能主义的设计师们已经取得了广泛的社会认同。与此同时，社会又在悄悄地发生着变化。美国的伊莫斯夫妇、埃罗·沙里宁、乔治·尼尔森、哈利·博托埃，丹麦的阿诺·雅克比松（Arne Jacobsen，1902—1971）等都开始反对前辈们一味强调的几何形式，主张采用更具幽默感、人情味、有机化的设计语言。这段时期活跃在国际家具设计舞台上的设计师主要还有奥斯瓦尔多·博萨尼（Osvaldo Borsani，1911—1985）、汉斯·科劳（Hans Coray，1906—1991）、芬·尤尔、保罗·基尔霍莫（Poul Kjærholm，1929—1980）、布鲁诺·马松、卡罗·莫里诺、野口勇、厄尼斯特·雷斯等。

60年代中后期，西方各国进入了“丰裕社会”阶段，在大众消费群中逐渐孕育出新的消费群——战后青年。他们反叛传统，希望设计包括家具设计能够代表他们的消费观念及处世立场。对他们来说，生活就是“嬉皮”和“酷”。他们不再需要耐用的设计，而是时髦的设计。与此相适应的是，在产业界中出现了各种体积小、重量轻、高效能、高精度的专用设备，为家具用材和加工开辟了新的途径，从而使造型奇特的家具也能被大批量生产出来。此时，英国家具设计领域出现的“Pop 风”（波普风）彻底打破了传统思想的限制，颠覆了现代主义、国际主义风格的设计标准，并通过家具零售店 Habitat 得到推广传播。该家具店专门销售价格低、色彩鲜艳、设计特别的家具与家庭用品，由于 Pop 风格鲜明，符合玩世不恭的青少年心理特点，非常受战后青年的喜爱。除 Habitat 外，英国还有一些设计师通过个人的努力宣传 Pop 设计的思想，如彼得·默多克（Peter Murdoch，1940— ），他设计的以英文字母为表面装饰图案的纸椅具有“廉价”和“表现形式强烈”的双重 Pop 特征。

阿尔瓦·阿尔托认为艺术和技术的有效结合是设计创新中不可缺少的因素。在家具设计方面，阿尔托认为家具的腿足与建筑中的柱式是孪生姐妹，每当发明创造一种新的腿足结构时，他都会改变家具设计的风格，就像建筑风格随着多立克（Doric）、爱奥尼（Ionic）和柯林斯（Corinthian）三种柱式的改变而改变一样。阿尔托也非常重视设计的连贯性，认为一种设计不可能一次就很成熟，总存在不足之处，至少可以变换多种不同的面貌，以满足各种受众的需求。

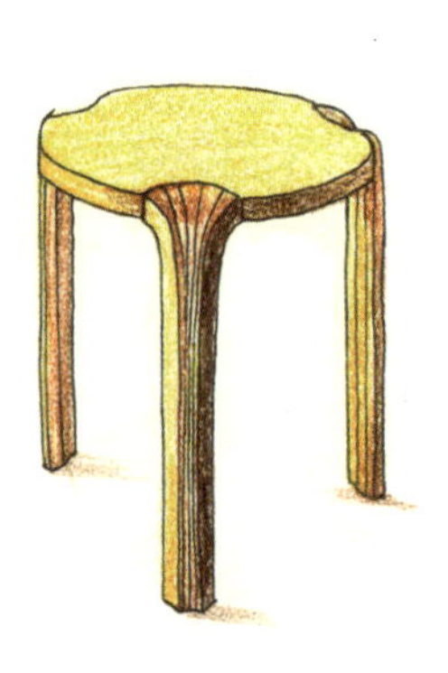

阿尔瓦·阿尔托，扇足凳，1954，芬兰

阿诺·雅克比松，丹麦

阿诺·雅克比松，7号系列椅之一，1955，丹麦

阿诺·雅克比松第一件成功的家具设计作品是三足蚁椅，又被称为3100号椅。这件作品突出功能上的需求，就座舒适，形式简洁，结构简单，用料省之又省，坐面与靠背为一次成型的模压弯曲多层板，钢管腿，在平衡性及制作工艺上非常完美。由于售价低廉、功能好、牢固，再加上有多种颜色可供选择，上市销售后极为成功，几乎成为雅克比松与生产商弗利茨·汉森（Fritz Hansen）成功合作的代名词。

雅克比松设计的四足蚁椅同样大获成功，轻便、可叠落，成为20世纪现代家具中销量最大的作品之一。

阿诺·雅克比松，三足蚁椅，1951—1952，丹麦

阿诺·雅克比松，四足蚁椅，1951—1952，丹麦

阿诺·雅克比松，蛋椅，1957—1958，丹麦　　阿诺·雅克比松，天鹅椅，1957—1958，丹麦

20 世纪 50 年代后期，雅克比松为北欧航空公司设于哥本哈根市中心的皇家宾馆设计的蛋椅和天鹅椅，对其家具设计生涯来说意味着上了一个更高的台阶。两件作品都将新材料聚苯乙烯颗粒加以喷射，固化后形成泡沫海绵，然后张拉成型。

雅克比松是晚期国际主义风格在丹麦的先锋领导者，尽管他崇尚在设计中使用有机及象征性的形式语言，但他将作品的使用功能也开发到了极致，设计的每件家具都是既好看又好用。

伊莫斯夫妇，Eames 休闲椅及脚凳，1956，美国

伊莫斯夫妇是美国著名家具设计师、玩具设计师、电影导演。在世界各地的学校、办公室、机场休息室、政府大楼、博物馆和私人住宅，都有可能见到这对夫妇设计的家具。Eames 休闲椅及脚凳是其惊世之作，在构思上，这件作品表现出现代技术与传统休闲方式的结合，完全是为舒适而设计的。模制的胶合板底板和皮革垫的组合方式非常独特，脚踏和椅子都通过可旋转的中枢支撑于星形框架上，由此使用户可以自由地调节椅子的角度和高度。

伊莫斯夫妇的设计哲学是：我们设计的目标是最好的坐姿、最好的功能、更加美观，以及吸引更多的人购买。

伊莫斯夫妇，DKR 系列餐椅，1951，美国

伊莫斯夫妇 1951 年设计的 DKR 系列椅几乎全部以金属网眼格栅为材料，靠背及坐面部分填以不同材料的软垫。英国建筑师艾莉森·斯密森（Alison Smithson）和彼得·史密森（Peter Smithon）如此称赞这把椅子：“像一颗炸弹惊醒了我们，它是如此与众不同，甚至像埃菲尔铁塔。你之前不可能看到与之类似的东西，因为它太特殊了。它以金属为材料，但十分轻巧，就像在传达着另外一个星球的故事。”

伊莫斯夫妇，铝合金系列椅，1958，美国

哈利·博托埃，美国

哈利·博托埃，Diamond 休闲椅系列，1950—1952，美国

1951—1952 年为美国诺尔（Knoll）公司设计的 Diamond 休闲椅是哈利·博托埃最著名的作品，该椅的坐面、靠背、扶手及支架由粗细不同的金属钢丝构成其坐面放上不同材质的软垫。

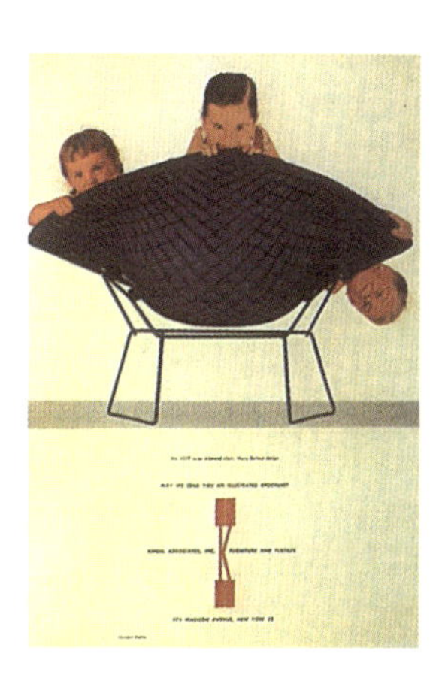

哈利·博托埃，钢丝椅系列，1951，美国

1951年，博托埃完成钢丝椅系列，立刻获得巨大的市场成功。尽管这种家具主要依靠手工制作，但巨大的商业成功仍带给他足够的设计费，使他得以全身心地投入到雕塑创造生涯中。

厄尼斯特·雷斯，海神椅，1953，英国

1953 年厄尼斯特·雷斯受 PO 船务（Pan Ocean Shipping）公司委托设计的海神椅满足了客户对功能和材料的严格要求。这件家具能经受极端的湿度和海水中的盐分的侵蚀，其材料主要是特种层压胶合板并附着一层防水涂层，后来为了更保险，胶合板换为加蓬红木，以增加材料的强度。这一款可以折叠的椅子，还配有坐面及靠背的软垫，在拥有优美造型的同时也赋予其舒适的坐姿。

吉奥·庞蒂（Gio Ponti，1892—1979）设计的最著名的家具就是这件被称为世界上最轻的椅子—— Surperleggera 椅，用一只手指便可勾起。

吉奥·庞蒂，Superleggera 椅，1951—1957，意大利

乔治·尼尔森，美国

乔治·尼尔森在赫曼米勒家具公司任职期间，一直强调他作为一名建筑师及设计师，不能忍受设计公司仅仅是聚集了一群毫无团队精神、自由散漫的设计师进行独立的没有系统的设计工作。尼尔森一直在公司非常强调团队合作，并担任管理工作。

乔治·尼尔森设计的Marshmallow沙发为批量生产的家具生产商赫曼米勒公司提供了一种非常个性化而又实用的软包坐具解决方法，开创了独具时代特点的设计观念。分离的软垫被安装在可以大批量生产的裸露钢架上，圆形的乳胶泡沫塑料垫被乙烯基面料包起来，轻易地解决了当时的受众对家具色彩的个性化需求问题。这种彼此分离的坐垫与钢架的结合方式也使沙发能以任意长度组装起来。

乔治·尼尔森，Marshmallow 沙发，1956，美国

乔治·尼尔森，椰子椅，1955，美国

尼尔森的椅子设计也非常有创意，如1955年设计的椰子椅（Coconut Chair），如其名所示，设计构思源自椰子壳的一部分。这件椅子尽管看起来很轻便，但由于椰子壳使用的是金属材料，其分量并不轻。

乔治·尼尔森，钢丝腿桌，1958，美国

乔治·尼尔森，Pretzel 椅，1957，美国

尼尔森于 1957 年设计的 Pretzel 椅非常轻便，以至于很多人都能用两个手指头提起它。他此后设计的 MAA 椅，四只优美纤细的金属脚支撑起一体成型的坐面和扶手，整体的造型设计像扭动着的优美舞姿，给人灵动活泼之感。

乔治·尼尔森，MAA 椅，1958，美国

乔治·尼尔森，Kangaroo 椅，1956，美国

乔治·尼尔森，可组合系列，1956，美国

乔治·尼尔森，Miniature 矮柜，1954—1963，美国

埃罗·沙里宁，Tulip 桌椅，1955—1957，美国

1955—1957 年埃罗·沙里宁设计的 Tulip 桌椅是其最著名的家具设计作品之一。其中，Tulip 椅由三部分组成：铝合金底座、一次成型的玻璃纤维塑料的上部主体坐面，以及带面料的泡沫坐垫，椅子底部的设计则使人们能够轻松自如地活动腿部。沙里宁希望通过这个类似酒杯的造型达成一种视觉上的审美标准。

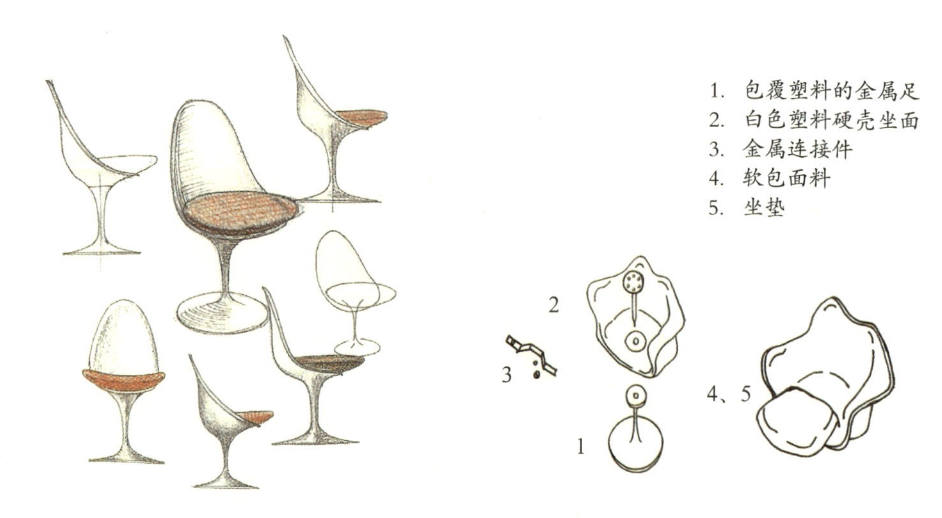

埃罗·沙里宁，Tulip 椅构思图与分解图，1955，美国

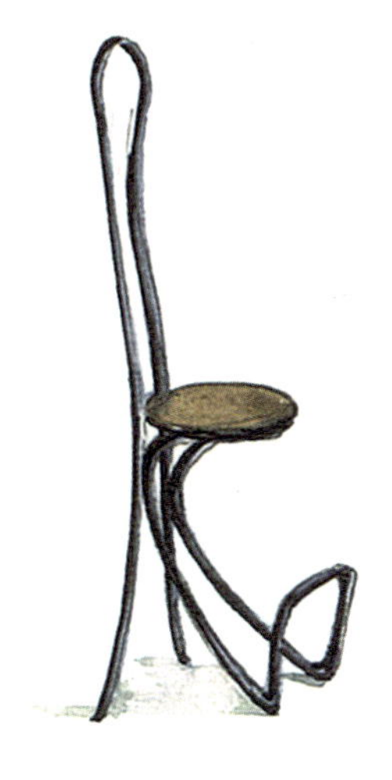

卡斯蒂利奥尼兄弟，Spluga 椅，1960，意大利

卡斯蒂利奥尼兄弟，Mezzadro 椅，1957，意大利

卡斯蒂利奥尼三兄弟（Livio Castiglioni [1911—1979]、Pier Giacomo Castiglioni [1913—1968]、Achille Castiglioni [1918—2002]）所提倡的设计语言主要基于"理性意义"，但又加入了非正统的幽默感和雕塑感。卡氏三兄弟充满结构创新和审美诱惑的作品为 20 世纪的现代设计增添了不寻常的色彩。

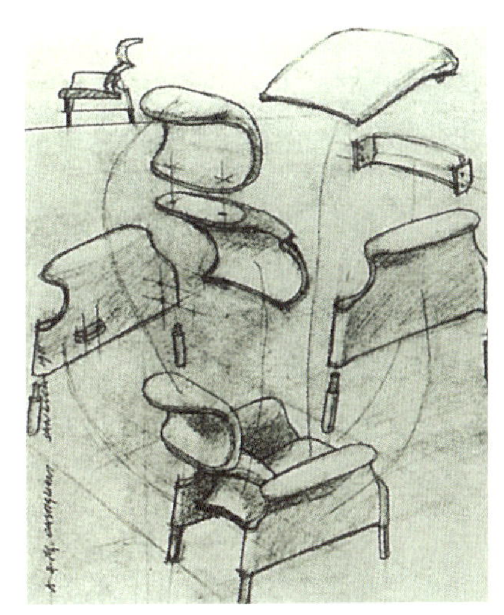

卡斯蒂利奥尼兄弟，Sanluca 椅，1959，意大利

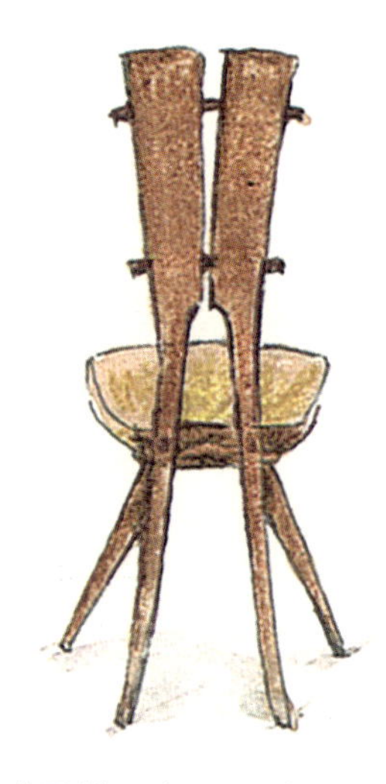

卡罗·莫里诺，为 Pavia 餐厅设计的椅子，1954，意大利

卡罗·莫里诺，扶手椅，1952，意大利

莫里诺同当时美国和欧洲的许多同行一样，也加入了使用弯曲胶合板设计家具的行列，但与其他设计师主要致力于探索胶合板的潜在使用性不同，他主要致力于发掘胶合板的艺术设计表现潜力，这一点，我们能从上图的两件作品中看出来。

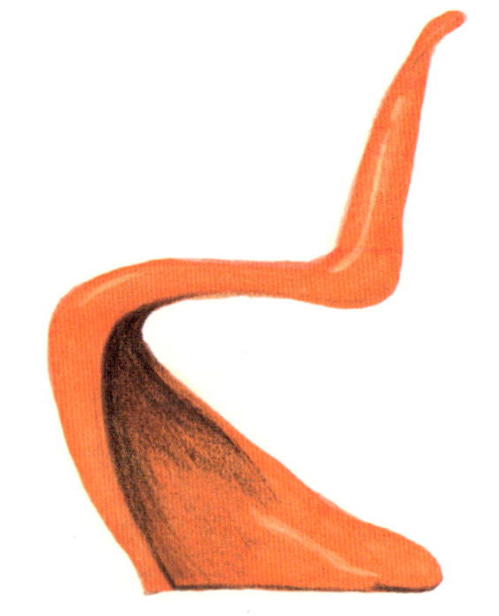

维尔纳·潘顿，Panton 椅，1959—1960，丹麦

丹麦设计师维尔纳·潘顿（Verner Panton，1926—1998）设计的潘顿椅（Panton Chair）的成功之处在于它是第一件采用单片塑料制成的能大批量生产的现代家具，并且有多种颜色提供给受众选择。

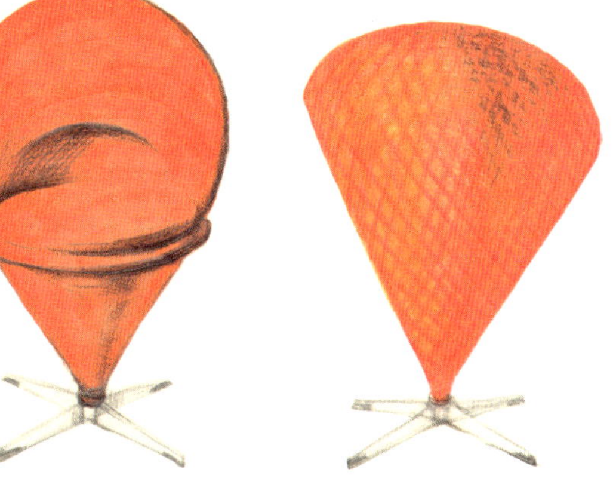
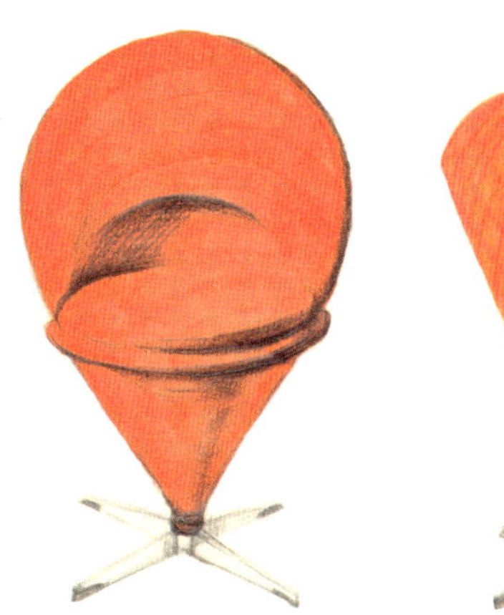

维尔纳·潘顿，Cone
椅系列，1958，丹麦

维尔纳·潘顿 1958 年设计的 Cone 椅具有未来派的理念，构架用金属塑型而成，配以乳胶泡沫垫和编织布料或乙烯基面料。椅子的支撑点平衡于铸铝的十字架形状的基座上，很像儿时的玩具陀螺。

维尔纳·潘顿，Wire
Cone 椅，1960，丹麦

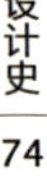

夏洛特·帕瑞安德，Ombra Tokyo 椅，1953，法国

柳宗理，Butterfly 凳，1954，日本

法国著名女建筑师和设计师夏洛特·贝帕瑞安德于 1953 年绘制的 Ombra Tokyo 椅，2009 年由意大利国宝级的卡西纳家具公司生产，椅子的重量很轻，尺寸和比例的灵感来自日本传统文化。它就像一张薄纸，一次性模压的橡木板折叠成型，优美的曲面则体现出夏洛特本人的自由浪漫情怀。

柳宗理（Sori Yanagi，1915—2011）是日本工业设计师，1942 年起，担任勒·柯布西耶设计事务所派往日本参与产品设计改进工作的夏洛特·帕瑞安德的助手。他将民间艺术的温暖手法融入到冰冷的工业设计中，是较早获得世界认可的日本设计师。1954 年柳宗理设计的弯曲胶合板加金属配件的蝴蝶（Butterfly）凳，实现了功能主义与传统手工艺的完美结合。

汉斯·韦格纳，公牛椅，1960，丹麦

皮埃尔·波林（Pierre Paulin，1927—2009），437 号椅，1959，法国

经典 1961—1970

继英国之后，打破传统“好设计”标准的设计理念在全球迅速传播，设计师意识到人们的生活应该更加丰富多彩，作为人们生活的一部分的家具产品也应该更加丰富多彩。与此同时，生产工艺与材料科技也得到迅速发展，为设计师的创新提供了更大的可能性。包括维尔纳·潘顿、皮埃尔·波林、奥利维尔·穆尔格（Olivier Mourgue，1939— ）在内的一些设计师主张采用更亲切、更灵活多变的家具形式，他们认为消费者应该得到更广泛、更深层的产品选择权利。而另外一部分设计师，最典型的要属加埃塔诺·佩谢（Gaetano Pesce，1939— ），则彻底改变了“家具设计需要结构支撑”的传统观念，研发出无需支撑结构、由高密度泡沫橡胶块外加纺织材料覆盖的新型家具产品。时髦、灵活、廉价等形容词是对这些产品的最佳描述。当然，最令人难忘的还是塑料家具的开发利用。塑料的特性使它在设计上几乎无所不能，意大利的乔·科伦波（Joe Colombo，1930—1971）、芬兰的埃罗·阿尼奥（Eero Aarnio，1932— ）、英国的罗宾·戴及丹麦的维尔纳·潘顿等设计师热衷于探索注射模压聚丙烯和增强模压多元纤维酯等新型塑料的受力限度及成型方式，并设计出一系列广受欢迎的家具作品。值得一提的是，设计师们不但力图从视觉上改变人们对家具的固有观念，更从触觉上下功夫，意大利的乔纳坦·德帕斯（Jonathan De Pas，1932—1991）、多那托·乌尔比诺（Donato D'Urbino，1935— ）、保罗·洛马兹设计组合（Paolo Lomazzi，1936— ）设计的充气扶手椅，皮耶罗·加蒂（Piero Gatti，1940— ）、切萨里·保利尼（Cesare Paolini，1937—1983）、弗朗科·泰奥多罗（Franco Teodoro，1939—2005）组合设计的Sacco豆袋椅就是典型的例子。这个时期，活跃在家具设计舞台上的设计师还有卡斯蒂利奥尼三兄弟、卢基·科拉尼（Luigi Colani，1928— ）、保罗·德加尼罗（Paolo Deganello，1940— ）、娜娜·迪塞尔（Nanna Ditzel，1923—2005）、约里奥·库卡波罗（Yrjö Kukkapuro，1933— ）、维克·马吉斯科拉蒂（Vico Magistretti，1920—2006）、罗伯特·玛塔（Roberto Matta，1911—2002）、安蒂·努莫斯尼米（Antti Nurmesniemi，1927—2003）、华伦·帕拉纳（Warren Platner，1919— ）等等。

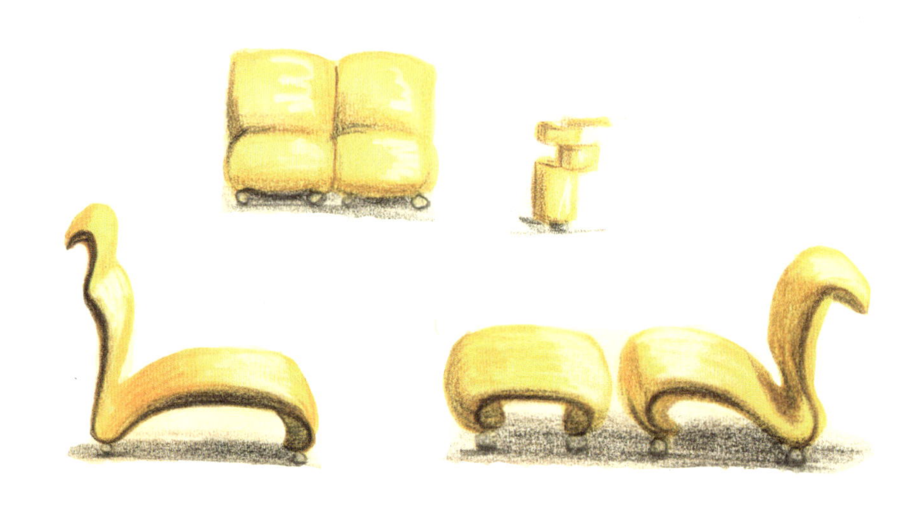

维尔纳·潘顿，软包椅，1963，丹麦

维尔纳·潘顿，Pantower 系列，1968—1969，丹麦

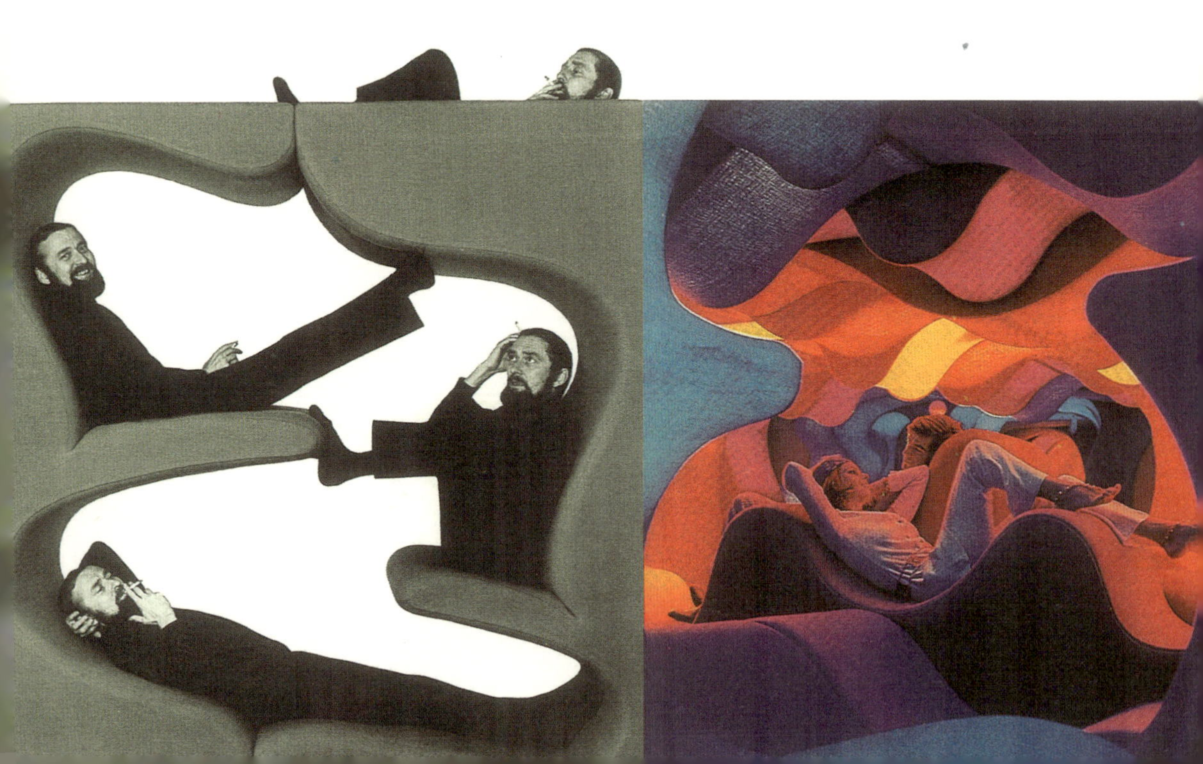

罗宾·戴，Hille Polypropylene 椅，1962—1963，英国

罗宾·戴设计完成的聚丙烯椅（Polypropylene Stacking Chair）是其最富影响力的代表作。椅子以聚丙烯为材料，采用铸模的方式来制作，单件式的靠背可以装架在各种骨架上，并且可以堆叠，既便宜又结实，还有多种颜色可供选择。这件作品造价低廉，很多老百姓都能享用，从 1963 年至今，已经销售了 1500 万件。

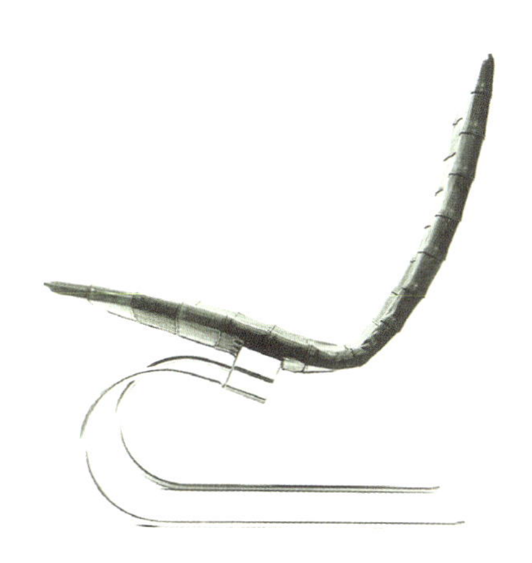

保罗·基尔霍莫，PK20 椅，1967，丹麦

保罗·基尔霍莫的作品将硬与软、线与面通过各种材料加工技术及造型完美地结合在一起，其设计缜密完善，细致到每颗螺钉的具体位置及尺度都很精确。基尔霍莫设计的准确无误和对结构的严苛要求使他成为丹麦设计大师中典型的唯美主义者。

皮埃尔·波林，560号椅，1963，法国

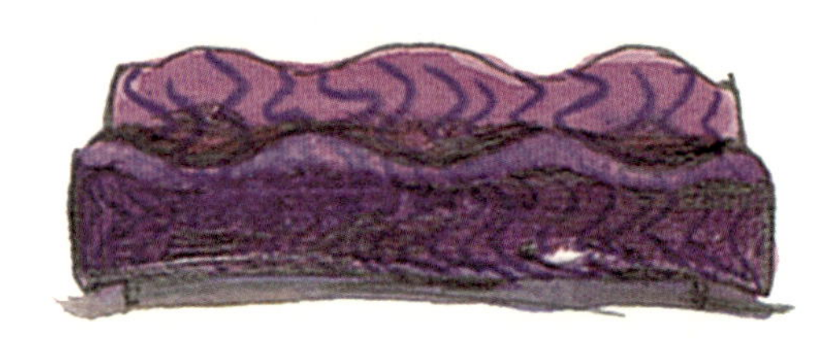

皮埃尔·波林，ABCD沙发，1968，法国

皮埃尔·波林在1963年设计了一件著名家具560号椅，这是一种斜切圆台形座椅，非常舒适，给使用者提供了大幅度的活动空间。1965年，波林设计出他最重要的作品Ribbon椅，这件具有雕塑感的座椅更为舒适。1968年设计的ABCD座椅系统以玻璃纤维做成壳体，而后分别覆以软包面形成单个沙发，或者几个壳体组合在一起形成多座沙发，再覆以整体的软包面，加以不同色彩的合理搭配，自然形成明快的视觉效果。

皮埃尔·波林，Ribbon椅，1965，法国

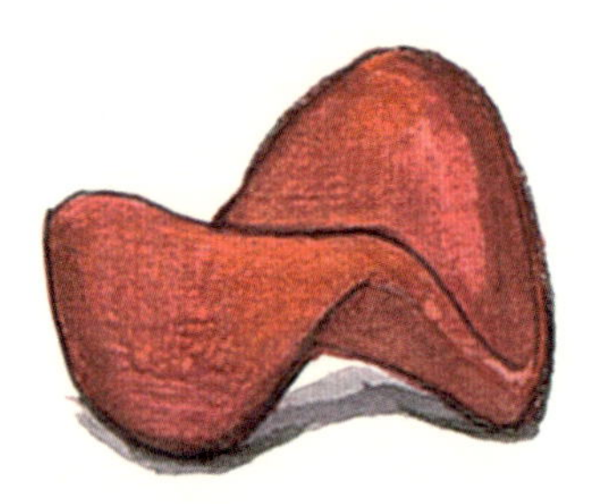

皮埃尔·波林，Tongue椅，1967，法国

乔·科伦波，意大利

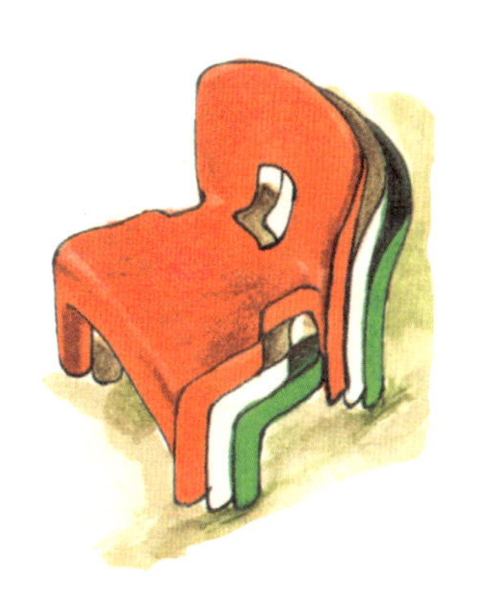

乔·科伦波，4860 号塑料椅，1968，意大利

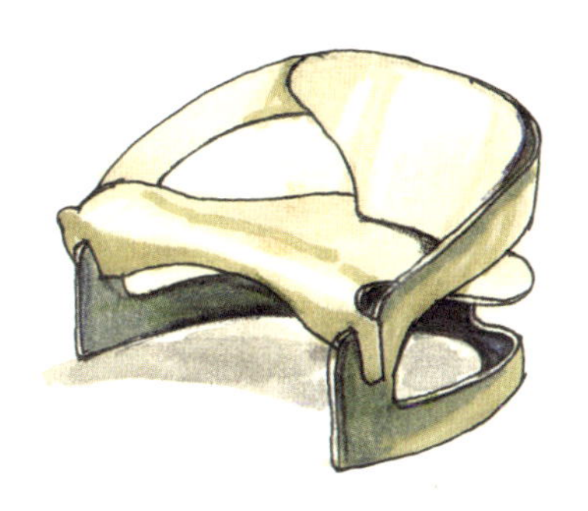

乔·科伦波，4801 号扶手椅，1963—1964，意大利

乔·科伦波的第一件成名作是 4801 号扶手椅。这件作品由三件喷漆多层层压板和橡胶塞构成，每层单体都被镶嵌在另一层单体中，并用橡胶塞固定，使用者能轻易地拆装它们。

科伦波十分擅长塑料家具的设计，特别注意室内空间的弹性因素，认为空间应是弹性与有机的，不能由于室内设计、家具设计使之变得死板而凝固，因此，家具不应是孤立的、死的产品，而是环境和空间的有机构成之一。

乔·科伦波，LEM 扶手椅，
1964，意大利

1964 年设计的 LEM 扶手椅是科伦波早期的家具作品，采用了锻压钢框架，坐面超级舒适。科伦波倾向于家用系统产品的设计，如 1967—1968 年间的附加生活系统（Additional Living System）家具设计，1968—1970 年的多功能套装式 Tube 椅。这些非传统面目、充满雕塑色彩的新型家具的最大特点是可以多种方式进行组合，且提供了极宽广的休闲姿势就坐范围。

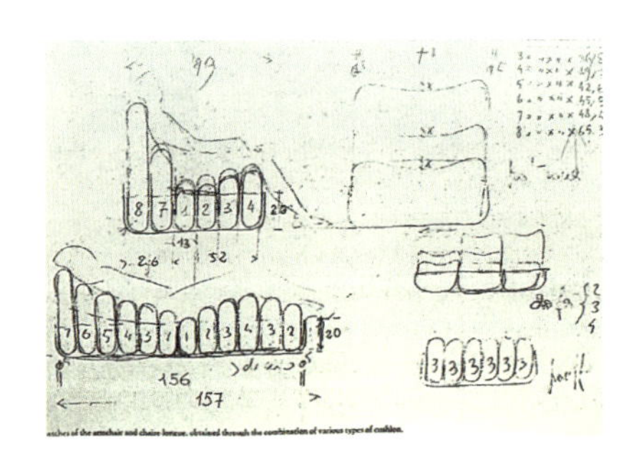

乔·科伦波，附加生活系统，1967—1968，意大利

乔·科伦波，Tube 椅，1969—1970，意大利

乔·科伦波，Elda 椅，1963—1965，意大利

乔·科伦波，Multi 椅，1970，意大利

科伦波的家具设计大部分还在生产，人们仍然对这些充满创造力的家具充满兴趣。例如 Multi 椅，它有几十种坐法，这种具有多种使用性和灵活性的设计理念在今天的家具设计学习中仍被广泛提倡。

埃罗·阿尼奥，球椅，1963—1965，芬兰

埃罗·阿尼奥是芬兰最有影响力的室内及家具设计师之一，多以玻璃纤维塑料和钢为家具的主要材料，其高度艺术化的塑料家具作品是20世纪现代家具设计史中不可或缺的珍品。

1963年至1965年间，在反复试制合成材料的前提下，他终于设计出采用新型材料玻璃纤维塑料制成的名为“球体”（Ball）、看似航天舱的座椅。阿尼奥本人这样谈论这张球椅：“制造球椅的想法非常偶然，我想为属于自己的第一个新家找一张够大的椅子，可我找不到，于是决定自己做。当我偶然性地想到要将椅子做成球形时，我在墙上画了一个平面的圆形，并靠墙摆出坐姿，由我夫人根据我头顶的位置在墙上的圆形内做出记号，以确定高度。我真的没想到它竟成了20世纪家具设计历史上的标志性作品。”

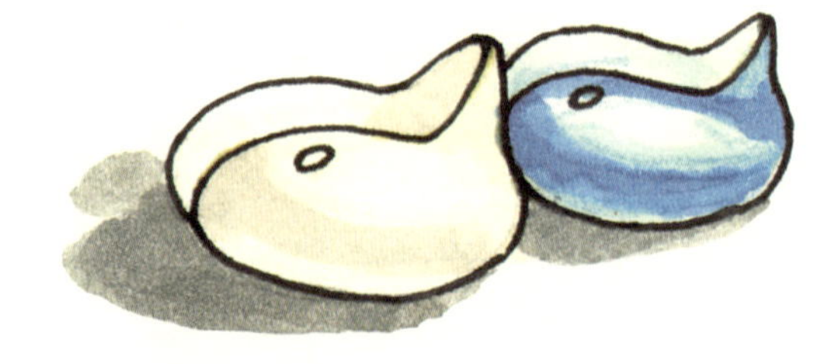

埃罗·阿尼奥，宇航椅，1963，芬兰

埃罗·阿尼奥，Bubble 椅，1968，芬兰

埃罗·阿尼奥，Pony 椅，1970，芬兰

埃罗·阿尼奥，香锭椅，1967—1968，芬兰

1968 年，阿尼奥设计生产出取名“气泡”（Bubble）的透明球体椅。在同年的科隆家具博览会上展出的阿尼奥设计的香锭椅（Pastil Chair）再次引起轰动。这件作品轻松地、戏谑性地将传统椅子设计中的座位、椅腿等要素融为一体，当使用者充满好奇地以各种姿势就坐于香锭椅上时，阿尼奥所诉求的功能也就已经实现了。

约里奥·库卡波罗，玻璃钢软包椅，1966，芬兰

约里奥·库卡波罗，芬兰

芬兰设计师约里奥·库卡波罗设计的多件作品都由阿旺特（Avarte）家具公司生产，玻璃钢软包椅就是其中之一。阿旺特家具公司生产家具的原则是："家具的每个部件必须有美学价值和吸引力，同时也必须对人体工程学做仔细的研究，其尺寸、重量、造型及耐久性都要认真考虑，而且方便使用者保养家具，几乎所有的椅子都可以随意更换面料。"

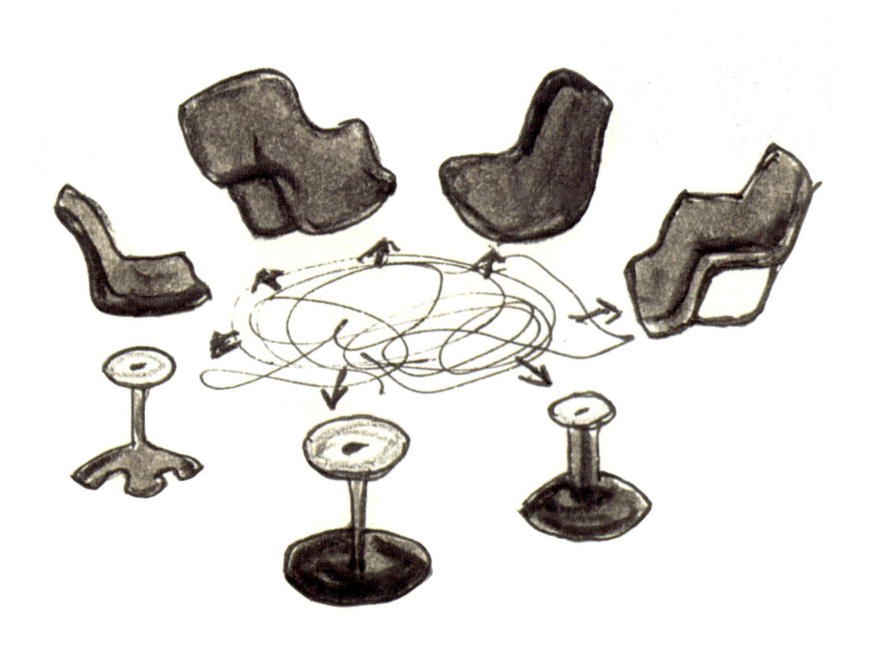

椅子部件互换示意图：每个椅面与椅脚都可以组合搭配，组装成多种形式的椅子

约里奥·库卡波罗，Karuselli 椅，
1964—1965，芬兰

关于 Karuselli 家具系列的设计有这样一个故事：有一天晚上，库卡波罗在酒后回家的途中掉进了雪堆里，当他挣扎出来时，身体在雪中产生的感觉给了他设计这套家具的灵感。Karuselli 椅的座位和底座由增强型聚酯纤维构成，座位可以旋转，连接处带有钢质弹簧和橡胶减震器。

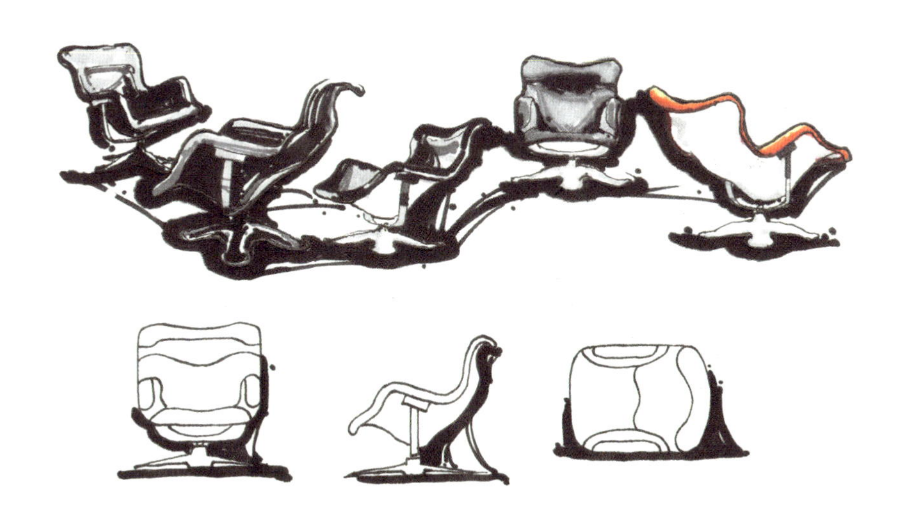

Karuselli 椅三视图

奥利维尔·穆尔格，Djinn躺椅，1965，法国

奥利维尔·穆尔格的成名作是1965面世的Djinn坐具系统，使用了当时刚研制不久的尿素泡沫软包，将这种泡沫软包覆于钢管框架之上，创造出的雕塑化设计给人一种未来主义的印象。3年后，这种家具被美国著名导演斯坦利·库布里克（Stanley Kubrick）用在他的科幻影片《2001漫游太空》中。这一坐具系统包括躺椅和休闲椅，其古怪的命名Djinn来自伊斯兰教神话中的一种精灵。在形式语言上，这套家具的低矮座位反映了这个时期的一种漫不经心、非正式的生活风尚。

奥利维尔·穆尔格，Djinn坐具系统，1965，法国

奥利维尔·穆尔格，Bouloum 系统，1968，法国

1968 年设计的 Bouloum 系统，是穆尔格对人体工程学做了深入研究后所获得的成果。这件作品以穆尔格儿时的好朋友的名字来命名，造型具有神话般的感情色彩，非常动人和有趣。这件作品非常轻便，可以很方便地移动，甚至可以被主人带着出去进行郊游等室外活动。在材料的选择上，Bouloum 与之前的 Djinn 系统相似，达到了物美价廉的目标。

乔治·尼尔森设计的 Sling 沙发是为了满足工业化大批量生产的要求而设计的，可以通过调节钢架的长短来选择三人位、四人位或更多的人位，其生产的灵活性充分地满足了当时市场的新需求。

乔治·尼尔森，Sling 沙发，1964，美国

罗伯特·玛塔，Magritta 椅，1970，智利

1966 年罗伯特·玛塔设计的由美国诺尔公司生产的玛奈特坐椅组合（Malitte Seating System）以其独创性和想象力以及节省空间的组合方法，赢得了国际家具设计界的广泛好评。这件拼图玩具式的家具组合是用其妻子玛奈特的名字命名的，当组合以最节省空间的方式存放起来时，就像是一件现代艺术品。展开时，它们是一套通用的座椅，能变换多种位置，进行不规则的布置。作品由易于采用布料包裹的聚氨基甲酸酯泡沫塑料制成，方便进行大批量的生产。最初，玛塔为了改变千篇一律的几何直线造型，将五个分离的部分（四张长椅和一个脚凳）都设计成带有一定的弧度。为了方便使用者运输和节省空间，也为了追求雕塑感，五个分离的部分可以组合成一个正方体，正方体的中央是与四周的长椅颜色不同的脚凳，在视觉上给人以美的享受。

罗伯特·玛塔，玛奈特椅，1966，智利

罗伯特·玛塔，玛奈特坐具系统，1966，智利

乔纳坦·德帕斯、多那托·乌尔比诺、保罗·洛马兹，Blow 扶手椅，1967，意大利

意大利的几位青年设计师乔纳坦·德帕斯、多那托·乌尔比诺、保罗·洛马兹是激进的设计组合。Blow 扶手椅是该设计组合最早的代表作，也是他们的成名作。它是第一张完全靠充气来使用的家具，整个椅子不需要任何支撑结构，完全由注满体内的空气和坐垫及透明塑料组成，其革命性是显而易见的。Blow 扶手椅在当时那个激进的时代创造了令人惊讶的销量。在美国，成千上万张 Blow 椅在短时间内被抢购一空。作为家具的 Blow 扶手椅也成为一个时代的重要符号，其他已经变得不重要了。

乔纳坦·德帕斯、多那托·乌尔比诺、保罗·洛马兹，Joe 扶手椅，1970，意大利

1970 年三位设计师为波特罗诺瓦（Poltronova）公司设计出的 Joe 扶手椅是大众文化进入设计领域的最佳例证，躺、倚、坐、卧都很舒服，既有趣又时尚。在美国，乔·狄马乔（Joe DiMaggio）是一名众所周知的伟大的棒球手，而他与玛丽莲·梦露（Marilyn Monroe）的婚姻则使他更加闻名于世。这套沙发高约 1.05 米、宽 1.68 米、深 0.68 米，外包皮革，内部充满聚氨基甲酸乙酯泡沫塑料，皮革上有设计师模仿的签名，好像运动员签名浮现在真正的棒球手套上。

三位设计师在那个富裕的年代开始设计家具，自然而然地顺应了时代的新需要。他们充满感性、欢愉乐观地投入到家具设计中，在创办事业的前期成为一批“玩家具”的激进者。

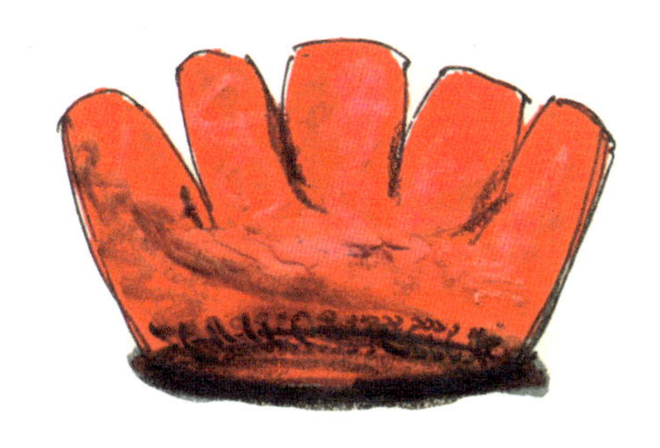

皮耶罗·加蒂、切萨里·保利尼、弗朗科·泰奥多罗，Sacco 豆袋椅，1968，意大利

皮耶罗·加蒂、切萨里·保利尼、弗朗科·泰奥多罗设计组合为扎诺塔城（Zanotta）公司设计的 Sacco 豆袋椅几乎成为 20 世纪 60 年代先锋家具的代名词，至今在世界各地还有着广泛的影响。

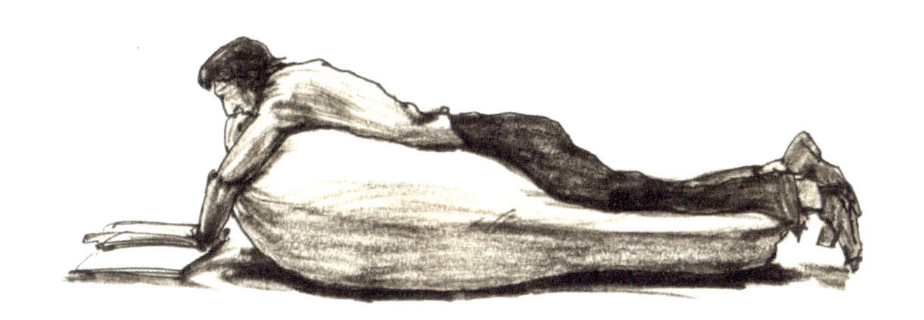

设计师希望其作品能够代表他们的消费观念，代表他们的处世立场。他们反叛传统，对他们来说，生活就是“嬉皮”和“酷”。他们不再需要寿命很长的优秀设计，取而代之的是时髦的设计，并顺应技术、使用者的需求及观念三方面的潮流，设计出不管是造型手法还是材料组合都可以被看作是里程碑的家具作品。

加埃塔诺·佩谢，UP 系列，1969，意大利

1969 年设计的 UP 系列休闲坐具是加埃塔诺·佩谢的成名作。这一系列家具的成功在于：设计师利用了当时最新的材料——聚乙尿素纤维泡沫，并使“转换家具”成为“转换情节”。成品压缩后被真空装入 PVC 包装盒中，顾客买回家后打开，它们会突然膨胀开来，犹如突然闯进使用者的生活中。佩谢认为，这样可使顾客购买家具的行为变成一种有趣的生活经历。

华伦·帕拉纳，Platner 系列，1966，美国

华伦·帕拉纳一生最重要的家具设计作品是其 1966 年为诺尔公司设计的一套钢丝家具 Platner 系列。这套奇妙而优雅的家具设计复杂，主体框架全部用电焊钢丝组合而成，需要一千四百个彼此分开的焊头用几年的时间才能完成。这一作品也是一种贵族化的高级艺术品，将功能与雕塑形式完美地结合在一起。

彼得·默多克，圆点花纹儿童椅，1963，英国

卡斯蒂利奥尼兄弟，Allunaggio 户外凳，1966，意大利

意大利设计师卡斯蒂利奥尼兄弟设计的 Allunaggio 户外凳，在 1981 年荣获意大利工业设计协会的金罗盘设计大奖，同时被众多博物馆及国家级画廊收藏。它有着独特的设计外形，既具有实用功能，又有装饰作用，可成为户外的装置艺术品。椅子是钢脚，铝合金坐面漆上草绿色，有天然聚酯脚垫。其设计的 Primate 跪式椅则是件充满禅意的作品，为一些经常祈福的特殊人群设计，被纽约现代艺术博物馆等多家博物馆收藏。椅子采用不锈钢椅腿，底座是黑色的聚苯乙烯，坐垫为牛皮软包。Allunaggio 户外凳和 Primate 跪式椅都由意大利扎诺塔公司生产。

卡斯蒂利奥尼兄弟，Primate 跪式椅，1970，意大利

意大利设计师维克·马吉斯德提（Vico Magistretti，1920—2006）致力于将新颖的技术与纯净的形式结合到家具设计中。他以塑料为主体的一系列家具设计作品，都通过高品质的结构和天然的形式表现了塑料制品的高贵品性。

维克·马吉斯德提，Gaudi 扶手椅，1970，意大利

阿夫拉·斯卡帕（Afra Scarpa，1937— ）与托比亚·斯卡帕（Tobia Scarpa，1935— ），Bonanza 沙发，1969，意大利

卢基·科拉尼，Sadima 椅，1970，德国

卢基·科拉尼设计的 Sadima 椅由象牙白色的塑料壳状框架和包裹着可拆卸的橙色强力纤维泡沫软垫构成，高 69 厘米，宽 75 厘米，进深 69 厘米，坐面高度为 34 厘米。这张椅子是设计师为科隆视觉博览会上众多生产新型材料的国际公司设计的满足年轻人口味的家具作品之一。

经典 1971—1980

20世纪六七十年代诞生的对产品的乐观主义情绪对许多欧洲国家的制造业产生了积极的影响。然而，80年代初，在意大利又诞生了一些激进的设计团体，如Superstudio、Archizoom协会等。这些团体中的成员开始质疑资本主义的价值观，认为他们生产的大量产品是为了谋取巨额的利润。设计师们试图使流行文化向庸俗劣质的层面发展，以此达到讥讽和嘲笑的目的。另一方面，1973年至1979年的石油危机和接连不断的经济危机直接促使乐观主义的情绪转化为现实主义情绪。

六七十年代的波普设计运动（Pop Design）所宣扬的廉价的、一次性的设计价值观开始受到质疑。一度改变了家具世界面貌的塑料转瞬间被认为是浪费能源的代名词，家具消费的热潮也慢慢退却，生产商遭受了巨大的投资失败，为了生存，他们开始收缩生产。节俭、紧张的社会气氛使许多国家的设计师不知所措，他们开始回顾过去。英国设计界为了追溯并复兴工艺美术运动的设计风格于1972年成立了手工艺委员会。次年，该协会在维多利亚 – 阿尔伯特博物馆（Victoria and Albert Museum）举办了工艺美术运动设计回顾展，直接支持了手工制品的发展。

与此同时，一场新的反现实的、植根于60年代的波普设计运动的青年运动开始了，它被人们称为Punk（朋克）。成员们通过音乐、艺术、服装、家具等门类展示他们的反叛立场。这场运动迅速席卷至整个欧洲，随之而来的激进设计再一次在意大利出现。1976年在米兰成立的阿基米亚设计工作室（Alchymia）就是激进设计的代名词，它的成员包括亚历山德罗·门迪尼（Alessandro Mendini，1931—　）、米歇尔·德·卢基（Michele De Lucchi，1951—　）、安德烈亚·布兰茨（Andrea Branzi，1938—　）、埃托·索特萨斯（Ettore Sottsass，1917—2007）等。他们习惯在经典的产品上加上具有讽刺意味的表面装饰，其中具有代表性的是安德烈亚·布兰茨设计的一张用钢架和涤纶布做成的椅子，取名“密斯椅”，而亚历山德罗·门迪尼则设计了一件名为“康定斯基”的作品。两者以玩世不恭的姿态出现，向“好设计”的标准提出挑战。随后，埃托·索特萨斯离开阿基米亚设计工作室，创建了自己的激进设计团体孟菲斯（Memphis），主要成员包括埃托·索特萨斯、米歇尔·德·卢基、安德烈亚·布兰茨、汉斯·霍莱茵（Hans Hollein，1934—　）、仓俣史郎（Shiro Kuramata，1934—1991）。它与前面那些激进设计团体最大的不同就是其商业性非常明显，直接瞄准国际市场。孟菲斯团体成立后的首次作品联展定名为“孟菲斯：一种新的国际风格”，直接反映了他们的创作宗旨是从“好设计”的标准中脱离出来，创造一种新的风格。他们主张使用大胆的颜色、非常规的造型、装饰味浓厚的表面材料，以增加作品的生命力、幽默感及人情味。与孟菲斯的主张不同，一些被称为经典后现代主义的设计师们，如罗伯特·文图里（Robert Venturi，1925—　），将所有的传统形式、历史风格都搜寻出来，将其表现在新的设计中。而另一些高科技风格派的设计师们，如马里奥·博塔（Mario Botta，1943—　）等，则强调工业化设计的高品质特征，强调高品位，其作品体现出考究的现代材料、精确的技术结构和精致的制作工艺的完美统一。

埃罗·阿尼奥，番茄椅，1971，芬兰

1971年，芬兰设计师埃罗·阿尼奥成功地设计出具有Pop特征的番茄椅（Tomato Chair）。在阿尼奥的设计哲学中，创新是最好的代名词。

皮耶罗·加蒂、切萨里·保利尼、弗朗科·泰奥多罗，爱奥尼亚椅，1972，意大利

1972年，皮耶罗·加蒂、切萨里·保利尼和弗朗科·泰奥多罗三位设计师合作设计了爱奥尼亚椅。这件作品不仅是一张椅子，更像是一件大众艺术的雕塑品。它以古希腊的爱奥尼亚式柱头为设计依据，其形状类似卷轴，用柔软的聚氨酯泡沫制成。

乔纳坦·德帕斯、多那托·乌尔比诺和保罗·洛马兹，Ducavalli椅，1973，意大利

弗兰克·盖里，Easy Edges摇椅，1972，美国

弗兰克·盖里（Frank O.Gehry，1929—　）是20世纪后期著名建筑师之一，以别具一格的解构主义风格作品闻名于世。盖里于1972年设计出一套名为Easy Edges的系列家具，全部用层压纸板制成，其间不需结构元素。与利用层压纸板作为材料的其他家具设计不同，盖里并未将层压纸板折成方盒子一样的形状，而是出人意料地将14层层压纸板通过合适的角度组合成非常坚固耐用的物体，层层相接的层压纸板给人的感觉很像灯芯绒布料。作品大胆地露出边缘，很少出现几何平面。这种特色也出现在盖里后来的家具设计中。盖里充分发挥材料的特性，凭此创造性的结构设计获得了专利权。而这套为低造价设计的家具也立即引起市场的关注，迅速获得商业成功。但盖里却在该设计投产仅三个月后要求停止生产，据说是担心影响他的建筑设计生涯，这可谓设计师中仅有的例子。

弗兰克·盖里，Wiggle系列，1972，美国

弗兰克·盖里，Little Beaver 系列，1980，美国

Little Beaver 系列椅不同于其他座椅，设计师秉承着变废为宝、回收再利用的设计理念，摈弃对人类环境有害的生产方式、工艺与材料，选择可自然降解、可循环利用的天然的原始材料和可持续发展的生产方式，在吸取前人经验教训的基础上将已有产物二次利用，完成了这一系列作品。

维尔纳·潘顿，坐轮，1974，丹麦

维尔纳·潘顿，姐妹椅，1979，丹麦

1974 年设计的坐轮是维尔纳·潘顿不断创造新概念和新形式的代表作。这件用高密度泡沫塑料制成、外包弹力纤维布的作品有多种令人愉悦的色彩供人选择。设计师通过作品对常规的椅子概念提出疑问，可惜的是，这件作品并未投入全面生产。

维尔纳·潘顿，休闲椅，1973，丹麦

盖·奥伦蒂，咖啡桌，1980，意大利

盖·奥伦蒂（Gae Aulenti，1927—2012）是20世纪中期活跃在设计舞台上的一位意大利女设计师，集建筑师、工业设计师、舞台设计师、家具设计师于一身。

Wink椅是喜多俊之（Toshiyuki Kita，1942— ）的经典设计之一，被美国纽约当代艺术博物馆、法国巴黎蓬皮杜艺术中心、德国Vitra设计博物馆和汉堡美术工艺博物馆收藏。它的一双可爱的大耳朵酷似米奇老鼠，被设计界亲切地称之为“米老鼠椅”。它是折起的沙发椅，展开后又是可以让人伸展双腿的躺椅，侧面的把手可以调节椅背的倾斜角度。Wink椅有多种外套可以选择，不同的花色体现出不同的风格。设计师曾这样说：“我的源头，我的成长背景及对日本文化的兴趣，已经与我在西方社会获取的经验交织在一起，促使我设计出表达两个世界之间的价值观点的作品。Wink椅便是这样的第一件作品。”

喜多俊之，Wink休闲椅，1976—1980，日本

加埃塔诺·佩谢，Dalila 椅，1980，意大利

设计师加埃塔诺·佩谢在整个设计生涯中始终如一地以高度创新的反传统作品在多元化的时代唱出与现代主义风格设计音调不同的音乐。对于设计师来说，观念似乎比其他因素更重要，他认为设计师应该不受限制地自由表达自己的设计观念。

加埃塔诺·佩谢，“纽约的落日”沙发，1980，意大利

加埃塔诺·佩谢，Sit Down 扶手椅，1975—1976，意大利

1975 年为卡西纳家具公司设计的 Sit Down 系列坐具是佩谢的又一成功代表作，犹如棉被般的聚亚安酯泡沫外包件有节奏地包住整件作品，革新性的结构及材料使家具的价格能够被大众接受，而生产中的手工环节又为每件家具增加了一份个性。

罗宾·戴，Polypropylene 椅，1975，英国

亚历山德罗·门迪尼，意大利

亚历山德罗·门迪尼是家具设计的后现代主义风格的先锋代表。门迪尼分别于 1978 年及 1979 年为阿基米亚设计团体设计了三张椅子：Thonet 再设计椅、Wassily 再设计椅及 Proust 扶手椅，引起全世界的轰动。

亚历山德罗·门迪尼，Thonet 再设计椅，1978，意大利

亚历山德罗·门迪尼，Wassily 再设计椅，1987，意大利

就 Proust 扶手椅而言，门迪尼将雕刻沉重的框架与手绘透孔织物相搭配，织物上的笔触带有印象派的风格。门迪尼的这件再设计作品及其他再设计作品并未轻易地抹杀原作的特征，而只是重新以戏谑的方式对其作出解释。这件作品雕刻出复杂的巴罗克造型，并搭配以点彩派的装饰表面，价格自然不是老百姓所能接受的。每种版本的椅子有不同的图案和颜色，充分满足了渴望个性化的受众的需要。

亚历山德罗·门迪尼，Proust 扶手椅，1978，意大利

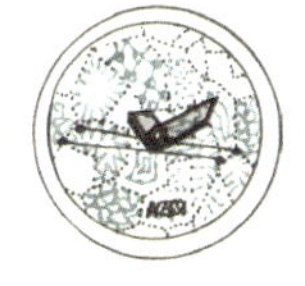

亚历山德罗 · 门迪尼设计的众多作品

马里奥·贝里尼，Break 椅，1976，意大利

马里奥·贝里尼，CAB 椅，1977，意大利

CAB 系列椅和 Break 椅是意大利设计师马里奥·贝利尼（Mario Bellini，1935—　）为卡西纳家具公司设计的产品，造型典雅，完好地继承了意大利 1970 年代的高品质和创新设计传统。其中，CAB 椅为钢架结构，与马鞍皮完美地贴合，用四条拉链做连接，使之成为可以滑动的椅套。此系列还有扶手椅，是设计师与卡西纳家具公司共同合作研发出来的产品，将简洁的造型、良好的舒适度和典雅的风格完美地融合在一起。

绘经典 1981—1990

20 世纪 90 年代中期，一批青年设计先锋，包括朗·阿拉德（Ron Arad，1951— ）、汤姆·迪克森（Tom Dixon，1959— ）、弗兰克·盖里、马克·纽森（Marc Newson，1963— ）、卡里姆·拉希德（Karim Rashid，1960— ）等人开始实验一套创作新模式：不受客户限制，没有商业压力，自行设计并制作。他们设计生产了一系列试验性的、表情丰富的、实用而又具有艺术感的家具。这段时期，在设计舞台上还出现了一位设计新秀——菲利普·斯塔克（Philippe Starck，1949— ），其充满艺术感、风格化、标志化的家具作品的创意源泉往往来自自然世界的生物或某种特定的艺术风格。

埃托·索特萨斯，意大利

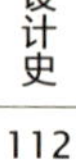

设计大师埃托·索特萨斯被称为“文化游牧者”，一生以人类学的观点对待设计。索特萨斯设计了许多用途不明、含义模糊的家具，特别是其代表作书架，完全脱离了人们印象中对书架的约定俗成的概念和书架应有的功能特点。索特萨斯没有把书架设计成只有依赖书才可以存在并有意义的一种单纯实用的工具，也没有提供通常应有的书本放置空间，而是将它设计成一个可以独立存在的有机物，变成了能够与环境共存的具有审美意义的准艺术品。

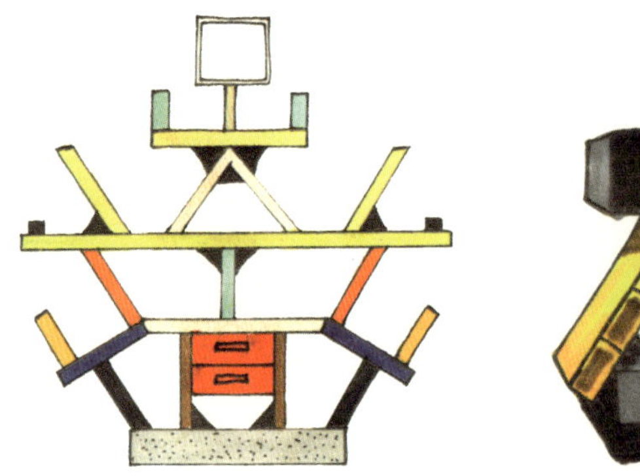

埃托·索特萨斯，书架，1981，意大利

埃托·索特萨斯设计的众多作品

索特萨斯狂热地将色彩的魅力发挥到家具设计上，认为色彩的光波可以激发人们最直接的感官解读。索特萨斯的设计所提供的讨论话题至今仍没有定论，他设计的那些不重视功能、颜色鲜艳的设计作品成了博物馆的收藏品，而并没有成为千家万户日常生活的一部分。但是索特萨斯将新鲜的空气带到设计界，人们在批评索特萨斯的设计品位的同时也得到某种启发，开始重新思考近百年来形成的功能主义的现代设计理念。

埃托 · 索特萨斯设计的众多作品

埃托 · 索特萨斯，Westside 沙发系列，1983，意大利

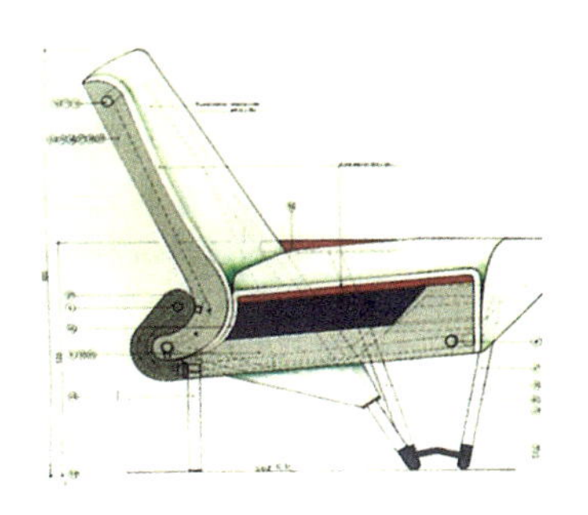

保罗·德加尼罗，Torso 组合式沙发，1982，意大利

意大利设计师保罗·德加尼罗的一个重要设计作品是 1982 年面世的 Torso 多功能休闲沙发系列，它的不对称构图和沉稳的色彩搭配更多地受到 50 年代设计风气的启发。

马里奥·博塔最重要的家具设计作品是 1982 年完成的 Seconda 椅和 1986 年面世的 Tesi Quinta 系列椅，它们都源自 70 年代建筑设计中的高技派风格，有着图案化的边缘、坚挺的线角以及构成优雅的几何结构，力图表现出一种来自材料和技术的理性主义美感。

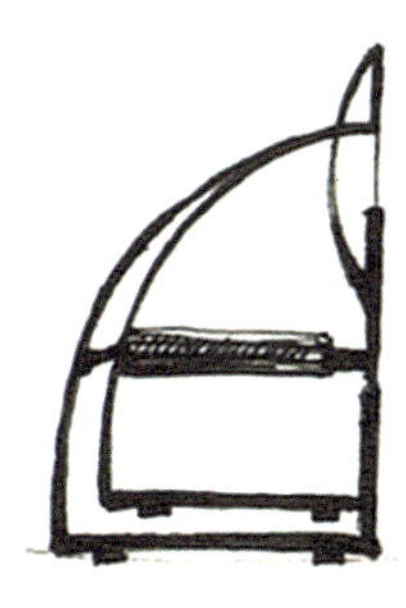

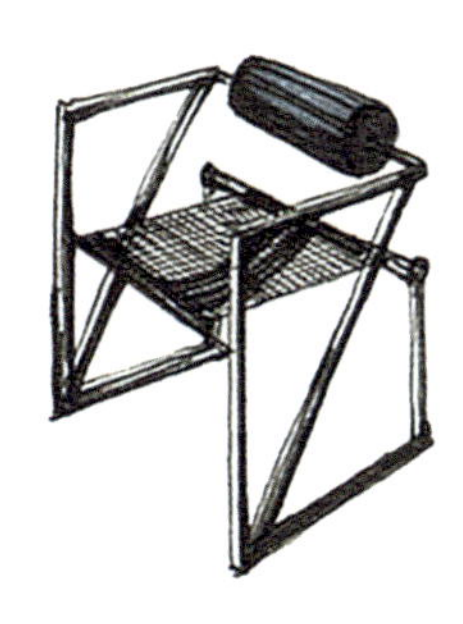

马里奥·博塔，Seconda 椅，1982，瑞士　　马里奥·博塔，Tesi Quinta 椅，1986，瑞士

马克·纽森，Lockheed躺椅，1985—1986，澳大利亚

1984年，菲利普·斯塔克设计了名为“理查德三世”的扶手椅。除椅子背部的腿之外，整件作品的其他部分由一块塑料模压而成，并涂上有仿银效果的金属瓷釉，在坐面上放一张黑色的皮垫。斯塔克曾经说：“你会经常被俱乐部走道旁边的又大又重的扶手椅绊倒，我决心用塑料制成椅子，以节约空间并减轻重量，我相信这是一件利用新型材料而做的对大家有利的事情。”这件看似由金属材料构成的厚重的椅子确实非常轻，人们可以毫不费力地移动它，被扶手椅绊倒的情景自然不会出现了。

菲利普·斯塔克，理查德三世扶手椅，1984，法国

朗·阿拉德，以色列

朗·阿拉德是建筑设计师及家具设计师，他设计的独具特色的钢铁家具在设计史上占有不可替代的位置。1986年设计的Well Tempered椅是他早期的代表作。阿拉德曾经陷入设计的迷惘中，他说：“我被叫到工厂去看情况，他们能制作出我让他们做的任何东西，但当我回到工作室时，我设计的仅仅是我自己手工能完成的东西。我并没有利用工厂提供的广泛可行性。Well Tempered椅就是体现这种状态的典型代表。”

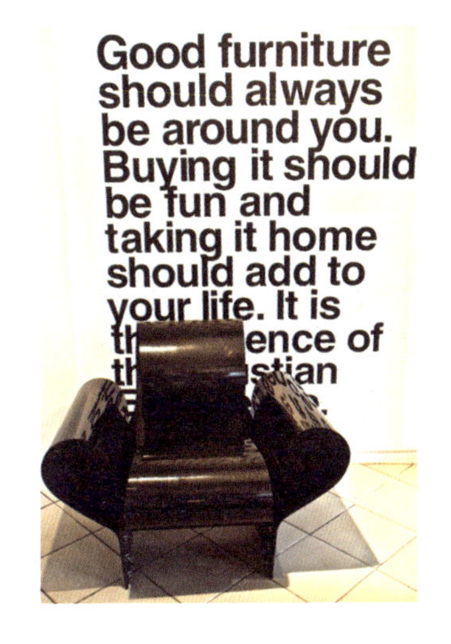

朗·阿拉德，Well Tempered椅，1986，以色列

朗·阿拉德，Rover 椅，1981，以色列

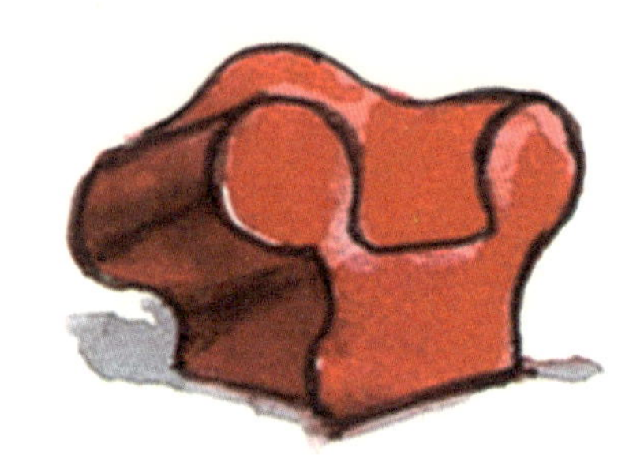

朗·阿拉德，Big Easy Red Volume 沙发，1989，以色列

1987 年，阿拉德设计出著名的 Schizzo 椅，这件作品由两组完全相同而又独立的胶合板构件构成，两组部件无论是分开还是结合，都有明确的使用功能。

朗·阿拉德，Schizzo 系列椅，1989，以色列

米歇尔·德·卢基，First 椅，1983，意大利

米歇尔·德·卢基，意大利

米歇尔·德·卢基是后现代主义设计风格的坚定支持者，他设计的强烈体现后现代主义风格的作品几乎成为后现代主义设计的代名词。1983 年德·卢基为孟菲斯设计的 First 扶手椅直到今天还在生产，弯曲钢管构成的框架、上漆的坐面和靠背，以及扶手上的圆球形装饰构成了一幅典型的后现代主义戏谑画面。

米歇尔·德·卢基，Clack 桌，1989，意大利

德·卢基是一位多才多艺的天才设计师，他对精确的工程技术的了解与运用及其对色彩的表达充分证明了这一点。德·卢基追求多变的设计风格，他曾坦言：“固定的设计风格对我来说意味着创造力的消失。”

米歇尔·德·卢基，Lido 椅，1982，意大利

美国设计师、建筑师罗伯特·文图里关于后现代主义设计的独到理论及幽默的语言使他赢得了“当代建筑文化弄潮儿”的称号。他的一些观点成为对青年设计师影响很大的信条：

“以复杂性去洗刷现代主义的简洁性。”

“以模棱两可和悬而未决去取代直截了当和简单明确。”

“以有黑有白或者灰色去取代非此即彼，非黑即白。”

“以杂种取代纯种。”

“以二元论取代单一论。”

“以杂乱无章取代步调一致和秩序井然。”

“以总体上乱七八糟取代一目了然的统一。”

“以‘少是秃子’取代‘少就是多’的口号。”

罗伯特·文图里，Crandmother 沙发，1984，美国

罗伯特·文图里，Art Deco Sheraton 椅，1984，美国

文图里在家具设计上使用机器模压多层板，并赋予它新的含义。这种现代主义家具设计中常用的材料被文图里巧妙地运用在后现代主义家具设计中，他以此为基本材料，在上面覆以塑料层板，并涂以不同色彩的图案。这些作品十分天真又吸引人，而且非常简洁。在 1984 年文图里设计的 Art Deco 系列作品里，你就能感受到这些特征。

文图里设计的椅子一般在侧面看几乎是没有任何变化，丰富的形式变化主要集中在椅子的正面，有评论家说："椅子的正面是文图里家具设计的标志。"文图里自己也曾说："我要表达的设计理念在我设计的丰富多彩的椅子正面造型中得到了体现，它们造型的丰富性是我的家具设计的灵魂所在。"

罗伯特·文图里，Venturi 系列，1984，美国

菲利普·斯塔克，Costes 三足椅，1982，法国

80 年代以后，法国设计师菲利普·斯塔克成为最著名的新生代设计巨星，完成了数量和质量都非常惊人的设计项目。斯塔克的大量设计中最引人注目的是他的家具设计，如 1984 年为巴黎的 Costes 餐厅设计的三足椅。

英国设计师贾斯珀·莫里森（Jasper Morrison，1959—　）设计的思想者椅充分地将高质量与舒适性结合在一起，其所用的钢管和钢片看上去很工业化，铁红色则进一步强化了这样的视觉感受。它的耐久性很好，可以用在室内外。由于是一种材料制成的，所以回收也很方便。

贾斯珀·莫里森，思想者椅，1987，英国

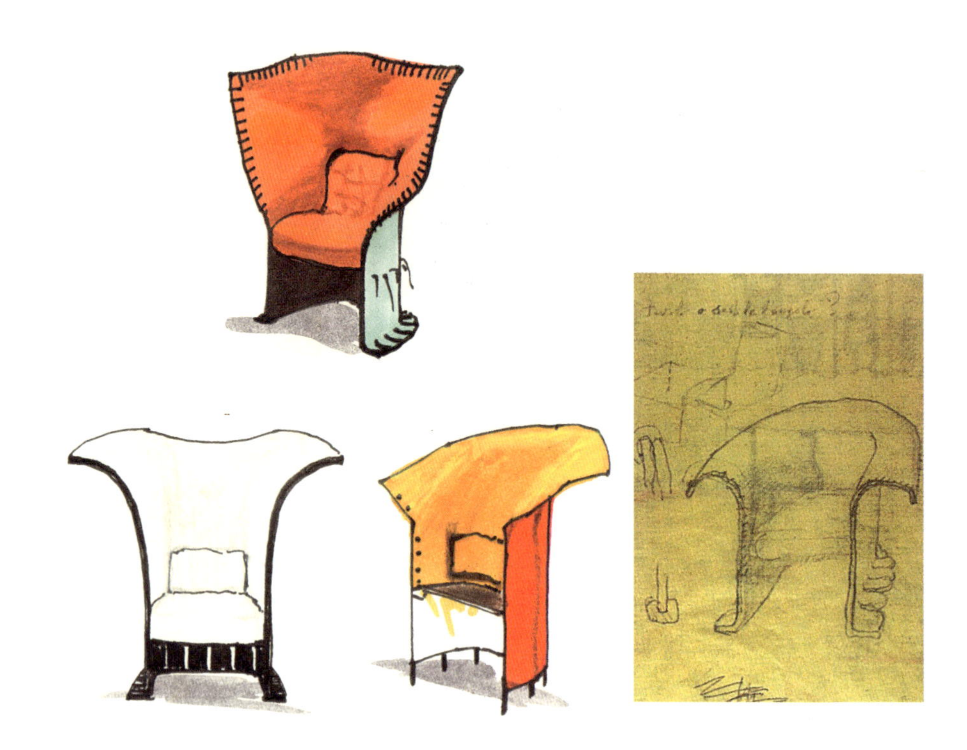

加埃塔诺·佩谢，Feltri 椅，1987，意大利

从 1987 年佩谢设计的 Feltri 椅可以看出，设计师一直在探索新的、有效的结构及材料，尤其是塑料材料的最佳使用方法。按规格裁剪好的厚毛毡以不同的时间浸透于液体树脂中，底部浸透的时间相对长些，因为它要起支撑作用，而上部因为设计师想让它变得柔软些，浸透的时间也就相对短些，因此从背部看，作品有些像衣领。同时，设计师也为作品加入了适当的装饰元素：结合部的装饰带及类似棉被般的软包面，为作品增添了一份情趣。

汉斯·韦格纳，网编椅，1986，丹麦

阿尔多·罗西，Parigi 椅，1989，意大利

阿尔多·罗西（Aldo Rossi，1931—1997）是“二战”后意大利著名的建筑师及工业设计师，也是微建筑风格的设计师代表之一。他设计的Parigi 椅有着极简的造型，直线方形的靠背和坐面与半圆的扶手形成鲜明的对比，令人赏心悦目。

安东尼奥·西特里奥，Citterio 系列办公椅，1990，意大利

意大利设计师安东尼奥·西特里奥（Antonio Citterio，1950— ）最著名的家具产品是1990年发展成熟的Citterio办公家具系统，这套为维特拉（Vitra）公司设计的办公系统，在提供人体工学的支撑的前提下并没有降低使用者活动的自由度。

博雷克·西派克（Borek Sipek，1949—　），Bambi 椅，1983，捷克

梅田正德（Masanori Umeda，1941—　），月光花园扶手椅，1990，日本

汉斯·霍莱茵，“玛丽莲”沙发，1981，奥地利

汉斯·霍莱茵，Mitzi 沙发，1981，奥地利

娜娜·迪塞尔，丹麦

娜娜·迪塞尔是丹麦新生代著名女设计师。她对几何要素有很大的兴趣，自然界中的动植物是她设计的重要灵感来源。她喜欢蝴蝶，从中汲取灵感，设计了一系列仿蝴蝶形的椅子。

迪塞尔始终凭直觉进行设计，她一直认为，对设计师而言，最关键的是进入设计状态，如果设计师进入了真正的设计状态，就能创作出无比丰富的产品面貌。在设计过程中，她习惯从草图直接进入模型的制作，以便从三维空间的角度控制产品的方方面面。

娜娜·迪塞尔，蝴蝶椅，1990，丹麦

娜娜·迪塞尔，两支椅，1990，丹麦

1990 年设计的两支椅是迪塞尔家具设计的代表作品。通过这件作品，我们可以感受到迪塞尔在尝试所有的可能性，包括技术、材料、形式及功能，还有对她来说更重要的人情味。无论是装饰还是造型，作品的灵感都来自生动美丽的蝴蝶。长椅的两个曲线形靠背采用枫木夹合板材料，用丝网印刷技术表现出一道道同心圆，椅腿漆成乌木色，加强了直线与曲线的造型对比。特别是与休闲桌合并在一起，桌子的三角形造型的一边设计成圆形，可以整齐地嵌入长椅中，从而在视觉表现上更为完整。

弗兰克·盖里，Power Play 系列家具，1990—1992，美国

1990—1992 年弗兰克·盖里为美国诺尔公司设计的 Power Play 系列家具最终奠定了他作为著名家具设计师的地位。这一系列家具从设计到生产花费了盖里两年多的时间，其结构感和装饰性通过波浪状的线条自然而然地表现出来。这一系列家具由五张椅子和两张桌子组成，每件作品则由七层层压槭木板构成，每层厚 3.35 厘米。这一作品的创作灵感很可能来自于民间所用的篮子的结构，然而设计作品本身已经超越了任何现有的产品，成为了一件非常好用的艺术家具。

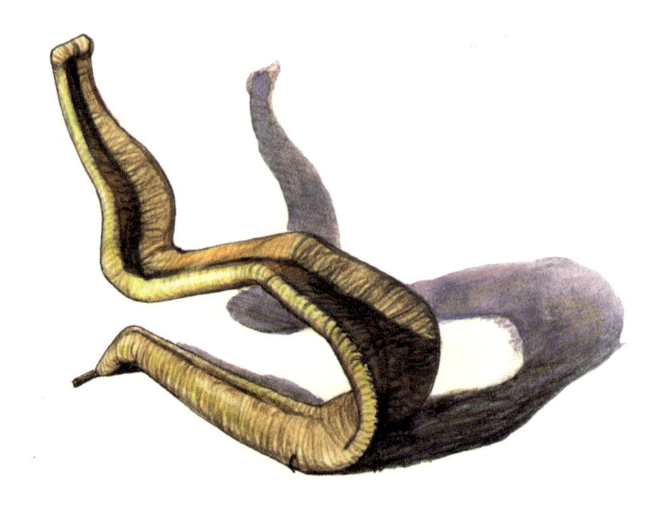

汤姆·迪克森，草编椅，1990，英国

1990年前后，设计师汤姆·迪克森用灯芯草料设计了几款椅子，营造出一种令人窒息的气氛。椅子的古怪造型反映出迪克森90年代早期的设计风格。

绘经典 1991—2000

20 世纪最后十年的家具设计界是和谐的，各国设计师都开始不约而同地追求个性化的设计语言，彼此之间再也没有喋喋不休的争论，再也没有谁是谁非的指责，大家都针对自己的粉丝进行设计。在这短短的十年间，个性化、环保、高科技、甜美、令人愉悦等要素融合在一起，构成了新的设计观念。这种局面一直持续至今。家具设计虽没有了轰轰烈烈的运动思潮，可它真正开始渗透到我们每个人的日常生活中。

马克·纽森，木椅，1992，澳大利亚

马克·纽森是20世纪后期活跃在设计舞台上的一颗耀眼的新星，他的许多家具设计作品都给喜欢有机形的人们留下了深刻的印象。1994年设计的感觉椅是其最著名的代表作。纽森一直追求椅子能够支撑人体的细微之处，他在这件作品中对材料的选择和处理使它看起来除了外壳外没有其他的填充物，强化聚酯纤维构成的外壳向后及向下形成支撑。纽森的大部分家具设计作品都充满了强烈的、自然流露出的雕塑感，反映了他对儿时的冲浪板的回忆，在感觉的层面上与冲浪板有着或多或少的联系。

马克·纽森，感觉椅，1994，澳大利亚

马克·纽森设计的众多作品

马克·纽森与女友去日本旅游时，巧遇日本著名家具生产商 Idee 的老板黑崎辉男（Teruo Kurosaki），纽森经女友介绍后，与黑崎辉男一拍即合：厂方买下纽森早期的设计图纸并使其尽快地转化为产品。之后，厂方给了纽森充分发挥设计才华的空间，使他能够专注于设计，并将其在悉尼所做的诸多设计投入生产。1991 年，著名的意大利建筑、设计和艺术杂志 *Domus* 以八页的篇幅介绍了纽森及其设计作品。

汤姆·迪克森，Bird 系列休闲椅，1992，英国

迪克森从 1983 年起开始设计家具，一年后便在伦敦著名的泰坦尼克夜总会的舞台上用电焊废金属的方式表演他的行为艺术。1987 年，他建立了自己的设计制作公司，专门制作单件或限量版家具和灯具。

90 年代，迪克森的家具设计创作进入一个新阶段，其作品减少了手工艺的痕迹，却增加了雕塑感，其代表作是 1990—1992 年间设计的 Bird 系列休闲椅。Palon 椅则完全用细钢条电焊而成，看似脆弱，实际上能承受足够的重量。该椅完全用手工制作。

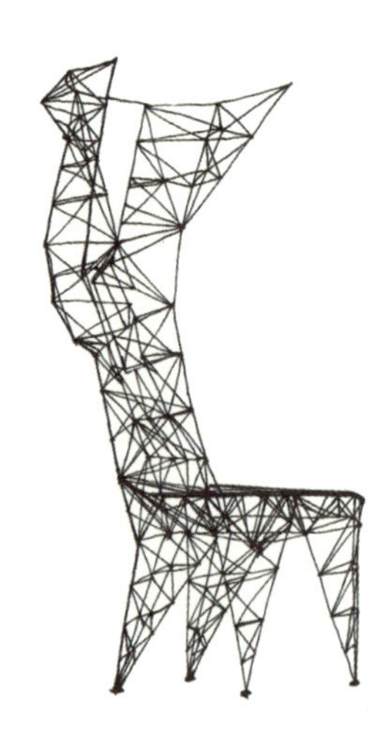

汤姆·迪克森，Palon 椅，1991，英国

汤姆·迪克森，S 型椅，1991，英国

迪克森于 1991 年设计的 S 型椅是他 80 年代风格的代表作，其设计力求远离工业化生产系统，探索设计中随机创造的潜力。

20世纪90年代，朗·阿拉德最成功的家具设计是1997年完成的书虫（Bookworm）系列书架。这一系列的作品是阿拉德第一次根据预先得出的市场需求而做的设计，也是他将注意力集中在限量版的手工金属产品设计之后，第一件由工厂生产的产品。通过对这一系列作品的折衷性和娱乐性的探索，阿拉德形成了一种关于大批量生产设计的新观念。同时，Kartell公司生产的这一系列产品在形式上是独一无二的，昂贵的安装费用和较高的技术要求也是独一无二的。看似简单的一整片钢板被卷成波浪形，沿墙固定安装，稍有不慎，就会导致灾难性的后果——钢板“书虫”可能会散落于整个房间。

阿拉德的作品具有创造性、情趣性并能被大众所接受。更重要的是，他的作品充满艺术的活力，这也是他获得成功的原因。他毫无疑问地成为了那个时代先锋设计的领导者。

朗·阿拉德，书虫系列书架，1997，以色列

娜娜·迪塞尔，Tuba 椅，1996，丹麦

娜娜·迪塞尔在 1996 年设计的 Tuba 椅既没有使用螺丝钉，也没有焊接点，而是用一种新研制出来的高级胶粘带连接其部件。这种椅子的生产效率极高，大大节省了生产时间，为其生产公司获得了巨大的市场收益。

维尔纳·潘顿，一次成型塑料椅，1999—2005，丹麦

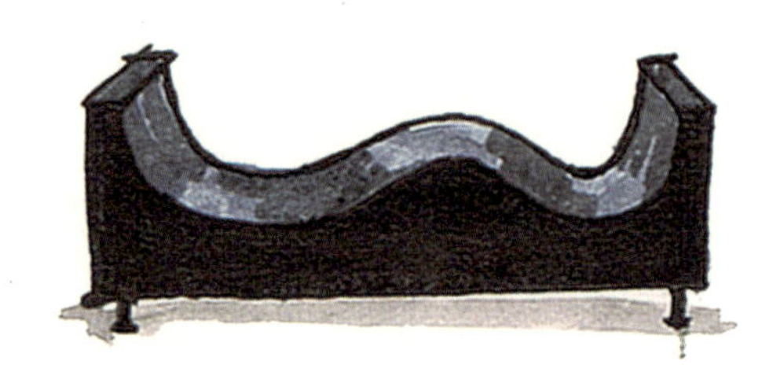

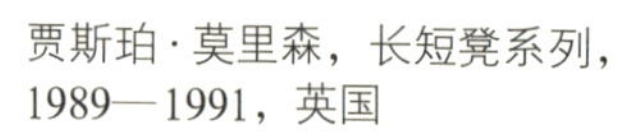

贾斯珀·莫里森，长短凳系列，1989—1991，英国

贾斯珀·莫里森，三人沙发，1992，英国

三人沙发是1992年贾斯珀·莫里森为意大利卡佩里尼（Cappellini）公司设计的，最突出的视觉特点就是其单纯的设计造型，非常朴实。其曲线的造型在某种程度上来源于人体躺卧时的姿态，聚氨酯泡棉的材质强化了作品的雕塑感（因其材质的特殊密度，无需多余的支撑物协助，就可以保持其形态），铝制的钢架很好地契合了其流畅的轮廓。这样的造型使其坐卧与众不同。

安德烈亚·布兰茨，Nicola系列，1992，意大利

安东尼奥·西特里奥，Compagnia Delle Fillippine系列休闲椅，1993，意大利

菲利普·斯塔克，法国

菲利普·斯塔克设计的众多作品

菲利普·斯塔克是20世纪后期最具有创造力的设计师之一，也是非常多产的设计师之一。斯塔克的那些风格化和标志性的设计作品的创意源泉大多来自自然世界或某种艺术风格。不管是公牛的牛角还是罗马尼亚雕刻家康斯坦丁·布朗库西（Constantin Brancusi，1876—1957）的雕塑，都带给斯塔克很多创作的灵感。

菲利普·斯塔克设计的众多作品

绘经典 2001至今

洞察未来的世纪

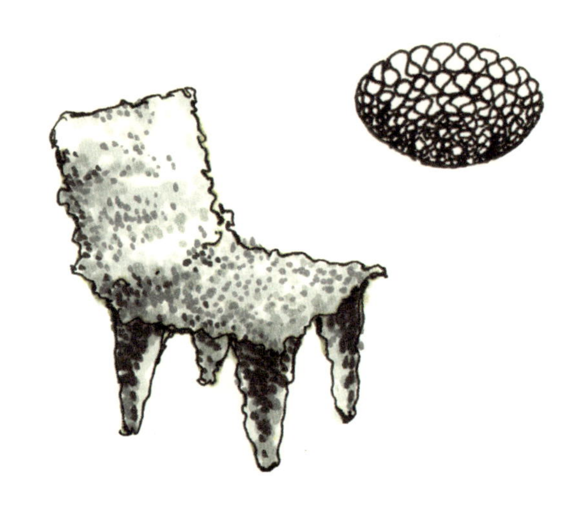

汤姆·迪克森，Fresh Fat 椅，2002，英国

Fresh Fat 椅有着冰一般通透的质感，容易让人觉得它像水晶一样冰凉，其实它的材料虽然不及水晶那样高贵，但廉价的塑料经手工编织后立刻身价不菲，因此每把椅子都成为了相当珍贵的产品，而坐上去的温润触感也改变了人们对于塑料制品的偏见。

朗·阿拉德，Tom Vac椅，1999，以色列

Tom Vac椅是阿拉德设计的一件形式幽雅、使用舒适的家具产品。一次成型的就座主体比例均衡、匀称，同时为使用者提供了非常舒适的就座空间。波浪状的结构使这张椅子可以稳固而又灵活地叠落存放，一次可以叠放五张，节省了大量的存储空间。此外，聚丙烯制成的、波浪状的就座主体有黑色、蓝色、红色、白色、黄色及透明色可供选择。

阿拉德公开挑战机器美学观念，利用金属、玻璃等材料制作极具表现力的家具，有时甚至将家具的边缘或表面处理得很粗糙。这些艺术家具普遍受到国际性的关注，从某种程度上说，它们更像是抽象的雕塑作品。

朗·阿拉德，Three Skin椅，2004，以色列

卡里姆·拉希德，埃及

以艺术风格闻名世界的国际设计师卡里姆·拉希德是当今美国工业设计界的巨星，他所跨足的设计领域包括室内外空间设计、家具设计、照明设备设计、艺术品设计、时尚精品设计，等等。卡里姆·拉希德推崇民主的设计，以不同的作品风格影响了产品设计的美学。作为一名杰出的工业设计师，卡里姆·拉希德有近 70 件设计产品被许多世界著名博物馆永久收藏。

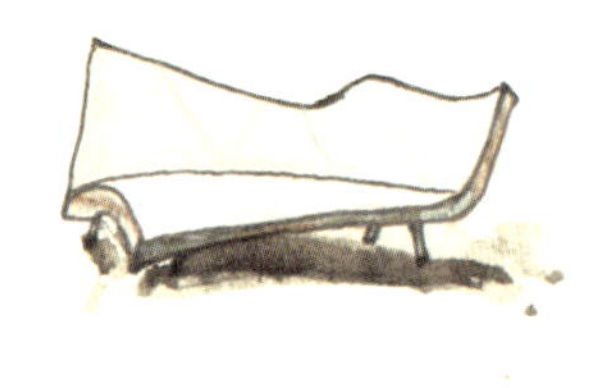
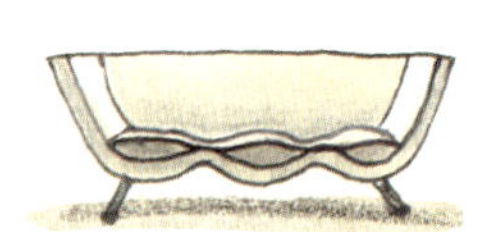

卡里姆 · 拉希德设计的众多产品

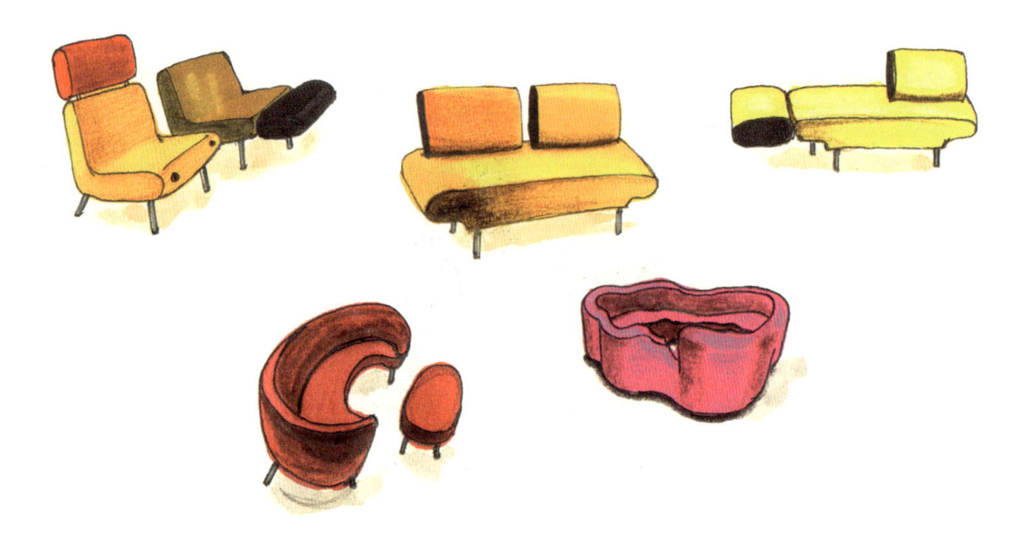

2000 年，拉希德开发设计出一种新的家具系列：柔软景色。许多组无限变化波动的有机造型被安置在一个整体平面上，旨在提倡一种未来的生活方式。为了让使用者得到一份快乐和舒适，这种柔软的室内景色几乎提供了所有必需而又符合人体工程学的姿势媒介。

卡里姆·拉希德设计的众多产品

拉希德曾经说过：“自然很美，但又很单调。我们来自自然，却在创造一个技术的世界。我只想成为一个创造一种缤纷多彩的生活方式的人。我对创造现代事物情有独钟。新的工业流程、新材料和全球市场都给我们创造新生活提供了希望，并激发着我设计的兴趣，因为新的文化需要新的造型、材料和风格。我们的创作是材料、生态、几何及技术的融汇，柔软而友好的造型旨在创造视觉的愉悦感。”（引自《用设计改变世界》，《产品设计》第2期）

卡里姆·拉希德设计的众多产品

加埃塔诺·佩谢，Nubola 沙发，2004，意大利

加埃塔诺·佩谢，Us and Them 沙发，2006，意大利

加埃塔诺·佩谢，Tavolone 桌，2007，意大利

从独特的视角设计家具，是设计师佩谢的风格。这组沙发、茶几和屏风的设计，运用了拟人的设计思维，红色、黄色与黑色的色彩搭配使其视觉效果强烈，充满了艺术感，放置在任何空间都是一件完美的艺术装饰品。

加埃塔诺 · 佩谢，Shadow 椅，2007，意大利

Sessantuna 桌是设计师佩谢的经典作品之一，灵感来源于意大利地图，白、绿、红的色彩搭配则源于意大利国旗的颜色，这件作品是设计师在向自己的国家致敬。他用多张不同形状的桌子组合成意大利的地图，每一张桌子的色彩都是设计师亲手画上去的。设计师说，他所创作的东西，都充满了自己的想法，反讽意味浓厚。佩谢也被称为意大利设计狂人。

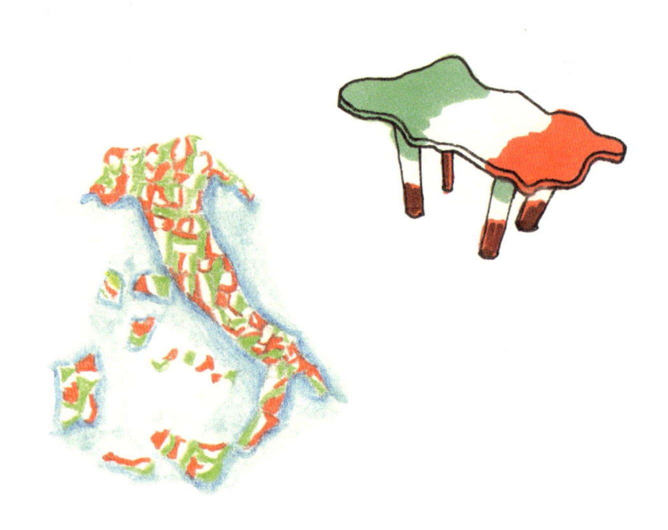

加埃塔诺 · 佩谢，Sessantuna 桌，2011，意大利

部分学生手绘作业范例

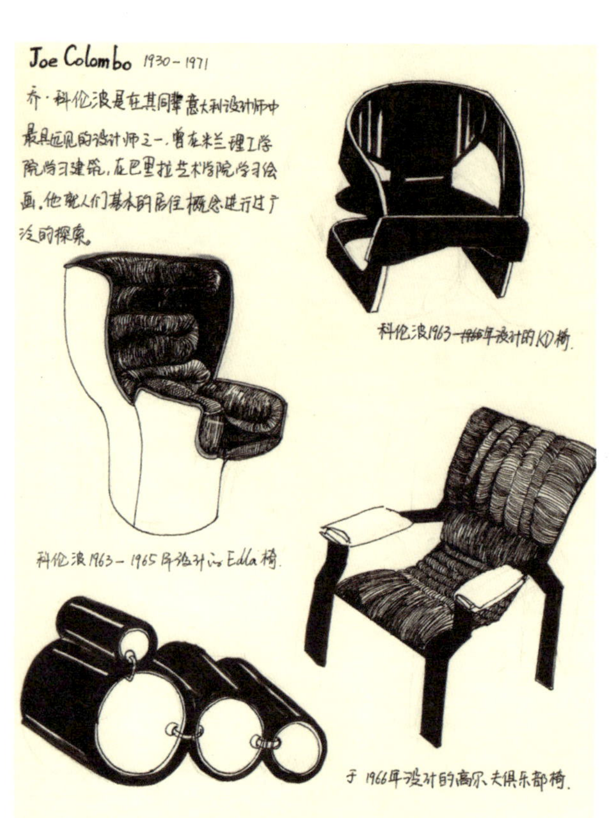

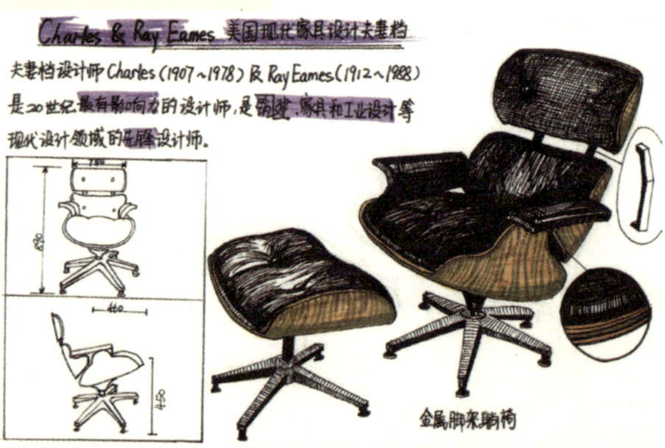

美国现代家具大师中，伊莫斯、小沙里宁，贝尔托亚、凯泽、舒斯特等都曾集中于克兰布鲁克艺术学院。1940年，伊莫斯和小沙里宁的"三维壳体椅"在"家庭陈设的有机设计"中获得金奖。

这一设计是对阿尔托设计的突破，壳体椅以胶合模压部件为基材加以成型的发泡橡胶制成，经过表面加工处理，形成优美的富有雕塑感的造型，开辟了"三维家具"的新道路。

查尔斯·伊莫斯是战后美国设计界的一位天才而勤奋的设计家。他成功的原因：①有才能有悟
②他的勤奋与努力，和他对设计的挚爱。
③他的妻子（也是同事）凯泽的帮助。

1941年，与凯泽结婚，离开母校迁居加洲。此后他又设计了层压椅、钢丝椅、DCM椅和金属脚架躺椅等一系列家具。将一流的设计观念应用于材料技术和崭新的造型之中。

三维壳体椅

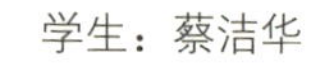

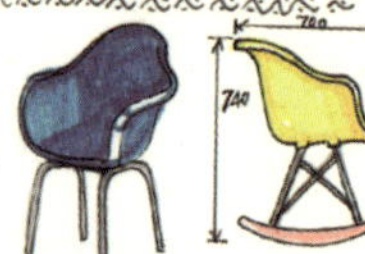

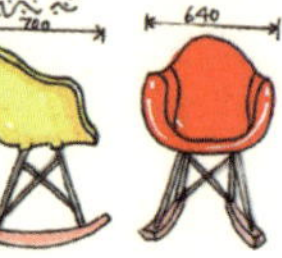

"钢丝椅"

Michael Thonet（1796－1871年），是奥地利人，生于莱茵河畔的Boppard城，并于1819年在那里建立了一个家具作坊。

- 1836年Michael Thonet以层压板的新工艺获得专利，
- 1856年他又获得工业化生产弯曲木家具的专利，此前在1851年他展出了自己的新产品并获一项铜奖。

Michael Thonet家具的最大特点是物美价廉，适合大批量生产。即使进入20世纪，其质量仍获得许多现代设计师的认同。Thonet椅的另一个重要特性是便于运输，它们虽非折叠式设计，但各构件间易于拆装，从而使运输空间达到极小。Thonet椅至今仍在生产，包括数种变体形式，它是20世纪最为成功的椅子之一。

除英国的温莎椅和中国的明式椅，很难有其他的椅子能超过Thonet椅的生产年限。然而，对Thonet椅而言，更重要的是它内含的现代设计因素。

1859年设计的No.14弯曲木椅（又称"消费者椅"）

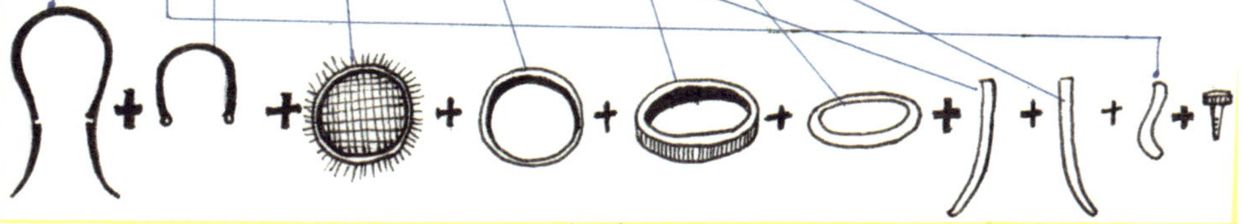

Thonet椅数种变体形式：

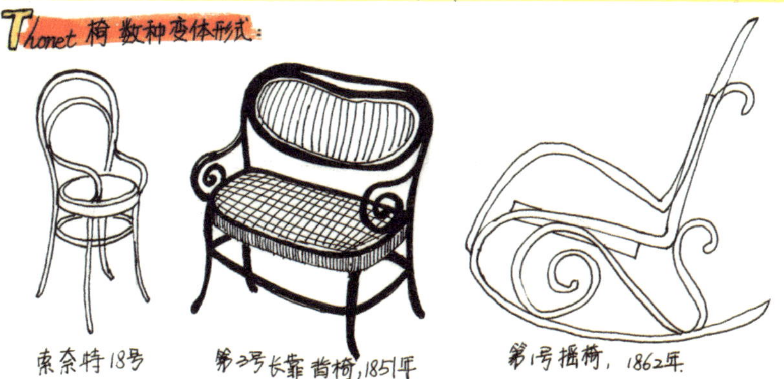

索奈特18号　　第3号长靠背椅，1851年　　第1号摇椅，1862年

Michael Thonet的成就，就是使工业革命时期的两个重要因素（开拓精神用于新技术和开拓精神满足新阶级的要求）进入一种完美结合的阶段。

学生：蔡洁华

伊莫斯的所有家具作品,总是清楚地告诉人们简明的结构及品质。
胶合板
560
460
650
645
Charles和Ray Eames夫妇在1951年设计大型桌子时考虑了很多种形状,但最终选择椭圆形。这容易让人联想到冲浪板。这与他们的住所有关。
层压椅
400
860
33
咖啡桌（胶合板茶几）
500
410
530
755
450
DCM椅.
在19世纪50年代，Charles和Ray Eames夫妇用了很多盘条进行测试，创造了很多款具有突破性的产品。这其中包括基于盘条底部的桌子，例如：Eames钢丝椅.Eames Wire-base Table、以及其他产品。
charles和Ray Eames夫妇在1946年专门为胶合板座椅设计了相配套的胶合板茶几。这款富有想象力的桌子轻巧灵活,它轻薄的桌面和略有弯曲的桌腿,让人一眼就知道这是来自Eames的设计。
2006年庆祝诞辰50周年之际,Eames沙发椅和脚凳被誉为20世纪最伟大且最具收藏价值的家具设计。扎实的胶合板饰板和柔软的皮革将古老的华贵之美带入当今的摩登世界,为舒适和高雅定义了永恒不变的有趣。目前推出的这款沙发椅和脚凳采用了一种叫花梨玫瑰木材质的胶合板
Wire-base chair

学生：蔡洁华

Philippe Starck
Starck.
Starck出生于巴黎南郊的一个小镇，父亲是一位飞行员及飞行工程师，他的童年是在父亲的绘图板上长大的，几乎每天伴随图规和尺子入睡的。所以，他成为20世纪最有影响的设计师之一。Philippe.

学生：陈斐

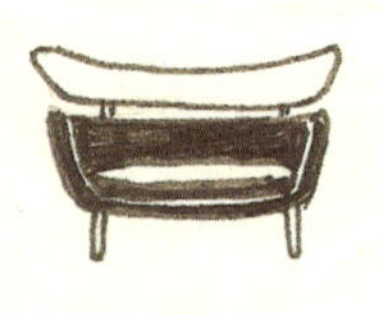

Juhl的家具作品中体现的向有机形式靠拢的新设计理念。我们也可以从椅子结构中工程和椅面，椅背和扶手中看出一种“负荷”和“被负荷”的微妙关系。他最伟大的发明是座椅面的“浮动”，即常和表现承重的木头一负荷成份形成强烈的对比。

学生：陈斐

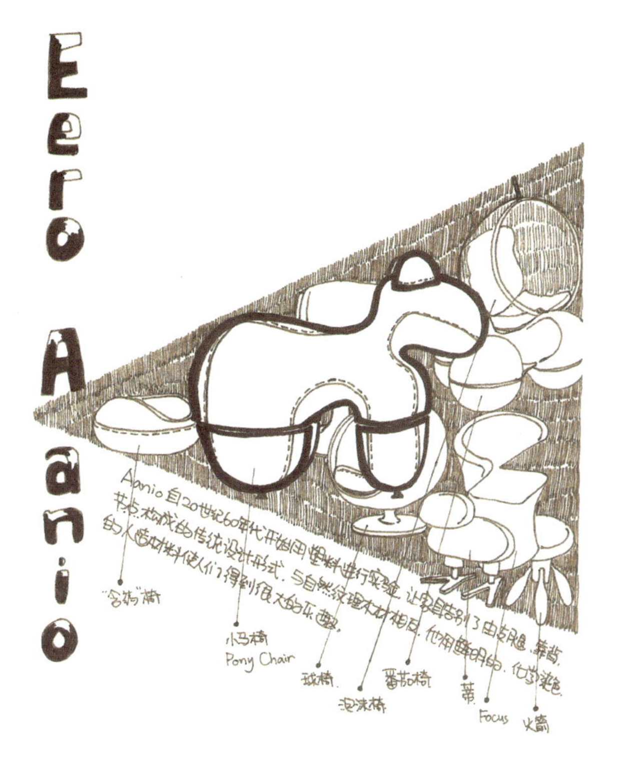

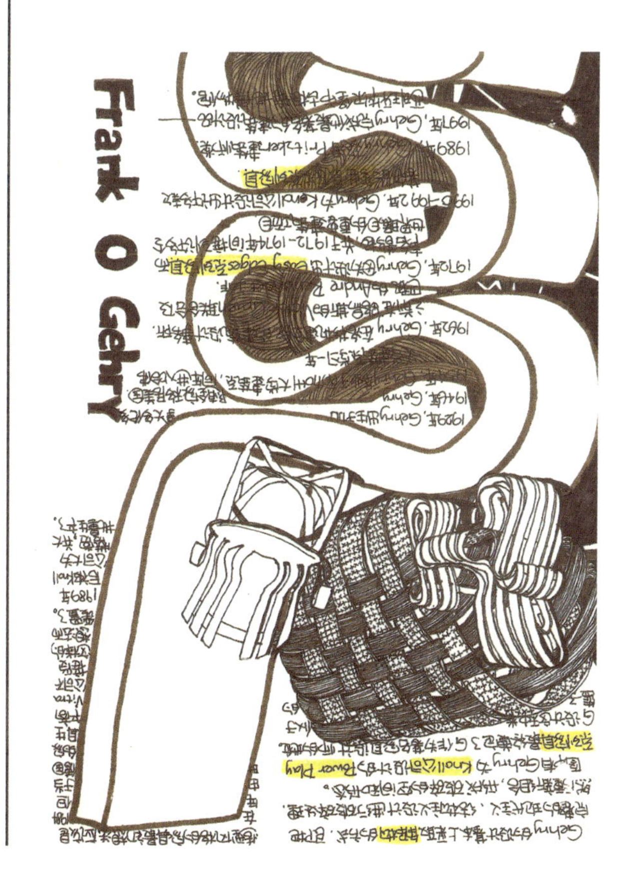

学生：陈斐

“摩”经典

汉斯·韦格纳
PP68 椅

广州美术学院工业设计学院
2010 级家具工作室专业课程作业记录

课程名称：《现代家具史》

课程要求：模仿制作北欧设计大师汉斯·韦格纳的一件木椅作品

作者：杨利媚

步骤安排：

1. 选定仿制对象（PP68）
2. 确定尺寸
3. 建模渲染以及情景带入
4. 拟定制作时间流程表
5. 购买木材毛料（白橡木）
6. 放样（纸样、木样）
7. 开料
8. 加工
9. 打榫
10. 组装
11. 整体打磨
12. 坐面编织（2 次）
13. 完工

前言

丹麦设计师汉斯·韦格纳是北欧风格家具的大师。作为 20 世纪最伟大的家具设计师之一，他的设计不跟随潮流，尊重传统，承袭文化，欣赏自然，体现了一种富于人情味的现代美学。尤其是他的椅子设计，结构科学，充分发挥材料的个性，造型完美，细节完善，亲切舒适，安静简朴，一改国际主义的机械冷漠之感，他也因此被人们称为椅子大师。韦格纳一生硕果累累，作品超过 500 种，有的即使到现在来看仍是前卫而又卓越的。

1. 选定仿制对象

编号 PP58/PP68（图 1）：这把椅子的命名因其坐面材质的不同而有所区分，皮质坐面的编号为 PP58，牛皮纸纤编织坐面的编号为 PP68。

汉斯·韦格纳于 1987 年为家具厂商 PP Mobler 所设计的此款椅子，是其“简洁、持久、实用”（simplicity，durability and functionality）的设计原则付诸实践的精彩典范。这是一把绝妙舒适的餐椅，是韦格纳 73 岁时设计，可以说累积了他一生的椅子设计经验。这也正是我选择它的原因。

图 1

2. 确定尺寸

关于 PP68 这把椅子的准确尺寸和数据是空白的，我的数据是根据韦格纳设计的其他同类椅子进行推算的，而且只有长 40cm、宽 48cm、高 81cm 这三个数据，所以只能根据大概的尺寸去推算其他小部件的尺寸，慢慢推敲，以确定整体的比例。

图 2

3. 建模渲染以及情景带入

建模以及渲染出图（图 3）是最直观的前期工作，既能对未知的造型有理性的认识，也能对后面的制作有很大的帮助。建模的准确数据是开料的重要依据。

我用的是犀牛软件，建模的过程好比虚拟的实物操作。从一条椅子腿到整体的组装，在切割和挤出等指令中完成一个又一个部件的衔接，在建模的同时也进行细节的尺寸调整。当然，数据建模是无法估算其受力情况以及确定榫合结构是否合理等方面的，即使如此，我们还是能够很好地为实物操作打下坚实基础，就是获得相对准确的尺寸数据。

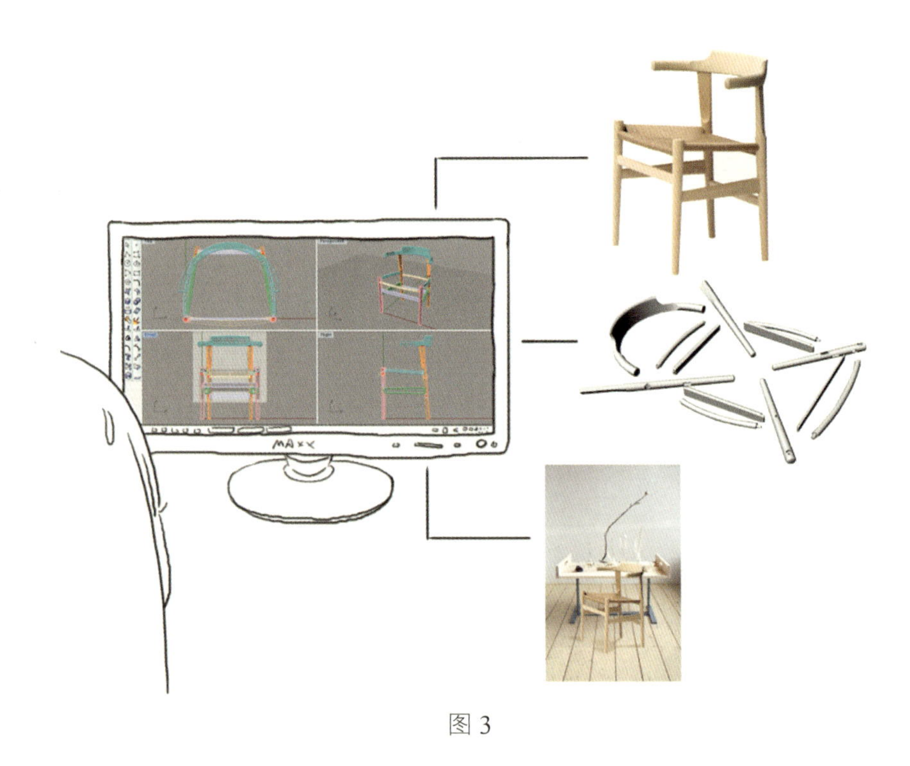

图 3

4. 拟定流程表

11.10（周六） 放纸样、开料，腿部（共四条）开料完毕，铣床车削完毕。

11.11（周日） 靠背放木样、开料，横撑、坐面（共八条）开料完毕，打磨、刨削、磨平、细磨。

11.12（周一） 部件车削、铣床加工，以上八条料进行曲轴车床加工，1/2 圆的倒圆角，用砂纸打磨部件。

11.13（周二） 前腿打榫，划中线、定打榫孔位，组装待干。

11.14（周三） 后腿、靠背指接，后腿划中线，靠背开榫左右指接，后腿不上胶试装，靠背指接上胶水固定待干。

11.15（周四） 后腿剖面切削，划出后腿剖切范围，靠背上胶水，整体上下胶合，打磨靠背棱角。

11.16（周五） 靠背打磨，后腿拼装，后腿上胶固定待干。

11.17（周六） 靠背与后腿榫合，确定靠背与后腿的榫合孔位，打榫，胶合拼装。

11.18（周日） 整体组装，打榫（坐面与横撑共八条料的榫孔与前后四条腿的榫孔），放置水平台确定平衡与后腿倾斜角度。

最后编织坐面，因纸绳不够，再次购买耽误了两天时间，于 25 日完工。

5. 购买材料

白橡木（图 4）：橡木特点是重、硬、纹理直、结构粗、色泽淡雅、纹理美观、力学强度相当高、耐磨损。

图 4

纸纤（图 5）：纸质椅面采用天然的牛皮纸纤，有原色和黑色两种，纸纤经过拉力、耐磨、耐脏等测试，坐面需花费 130 米纸纤，可使用五年以上，若弄脏可使用稍湿的毛巾轻拭干净。

图 5

6. 放样

放样（图 6）是开料前很重要的一步，能有效地控制开料过程中的情况，如材料的充分利用等。放木样的目的一是能在正式开料前有个尺寸界定，避免浪费以及出错，二是对于后期的固定也有帮助。

图 6

7. 开料

这把椅子的构造包括两根前腿、两根后腿、坐面四条弯曲的圆柱形部件、横撑四条直线条的部件，还有一个半弧形的靠背（图 7）。

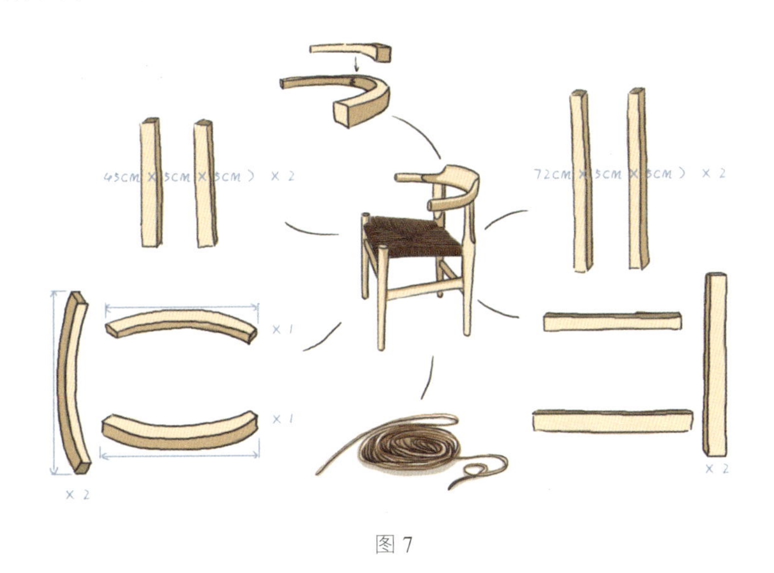

图 7

开料所使用的工具如图 8 所示：图中左侧为电动切割机，适用于直线条走向的部件切割，如腿部、横撑等直线条的部件等，可以直接进行开料和截取。图中右侧是手提切割机，适用于曲线切割，如坐面、靠背等部件的开料。它可以灵活地控制走向，弊端是不能很好地固定，开出的料很不整齐，所以在用它开料的时候要预留后期调整的空间，宁愿多出一点，也不能少一点。

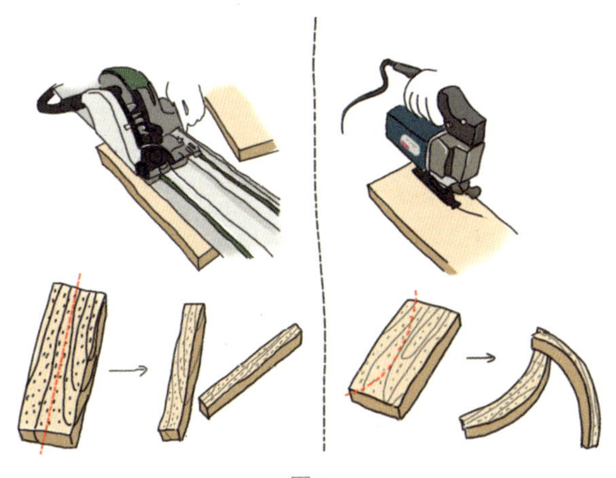

图 8

8. 车削加工

对开料之后的部件，要进行打磨以初步成型（图 9）。先用手提砂轮机对部件进行形状的调整，然后用刨削刀小幅度刨削，以调整表面，接着用压磨机，对部件进行上下左右四个面的磨平，最后是用砂纸细磨，初次用砂纸打磨时要选用大颗粒的砂纸，这样才能让部件表面趋于平滑。

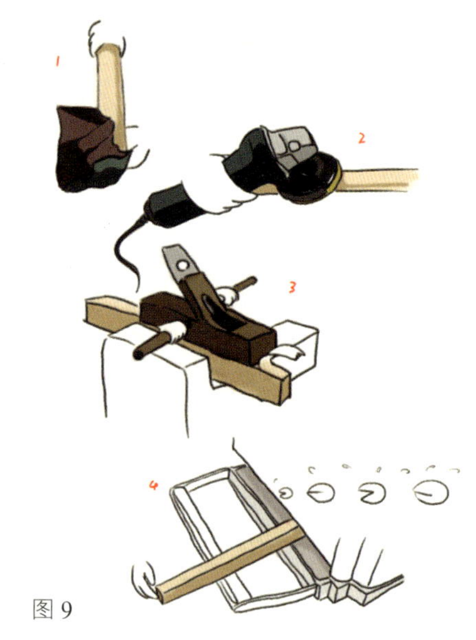

图 9

铣床加工的条件是需要找出它的固定中心，因为开料是一个规整的长方体，所以它的固定中心就是两端各自的对角线交点；椅子腿的开料是一条 45cm×5cm×5cm 的长方体，需要经过车削加工成上大下小的渐变圆柱体，完成这个过程需要两个条件：第一，部件中点（图 10）；第二，渐变角度（图 11）。

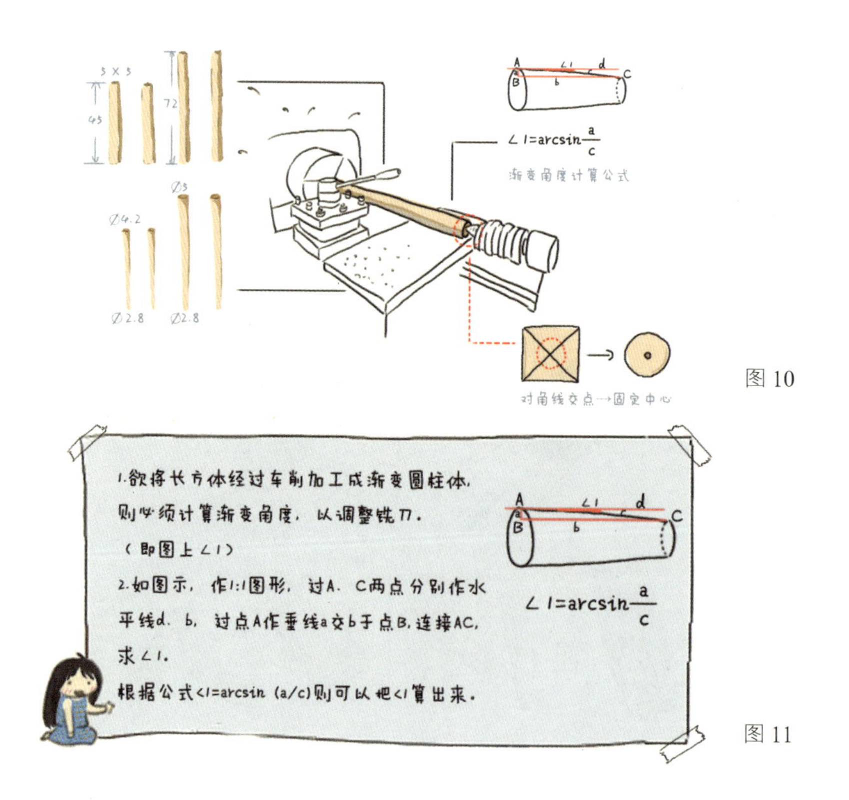

图 10

图 11

导圆角（图 12）：手提式的导角机有很大的灵活性，能够按你所需要的造型去控制。导角机需要来回多次地导磨，才能让形状更清晰和锐利。

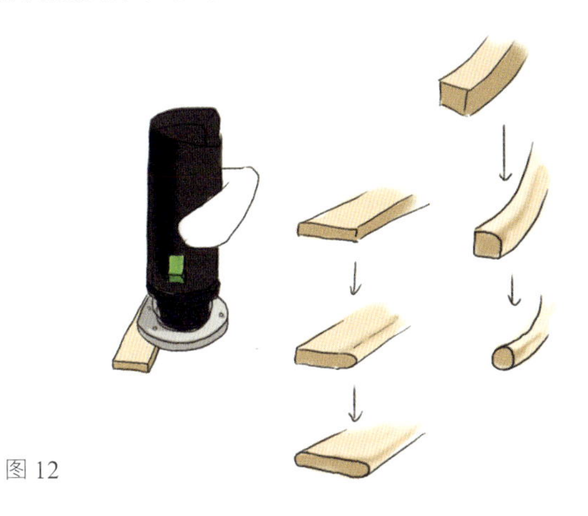

图 12

9．打榫：划定中线

同一条腿上有上侧用于拼接坐面的榫孔，也有下侧用于拼接横撑的榫孔，而且有横向以及纵向之分，因此共四个孔洞，需要划定中线，才能确保打榫孔的时候上下两个孔在同一直线上保持垂直（图 13）。把划线对象（椅子腿）固定在角落处，已知部件上下两端的圆直径分别为 d1、d2，需要做一个厚度为 d3=d1/2-d2/2 的辅助工具，垫在小圆即 d2 端，目的是使椅子腿上下两端的中心点保持在同一水平线上，然后把游标卡尺的高度 r 值调整为 r=d1/2，紧贴着椅子腿水平划过，得到的划痕就是打榫所需要的中线。

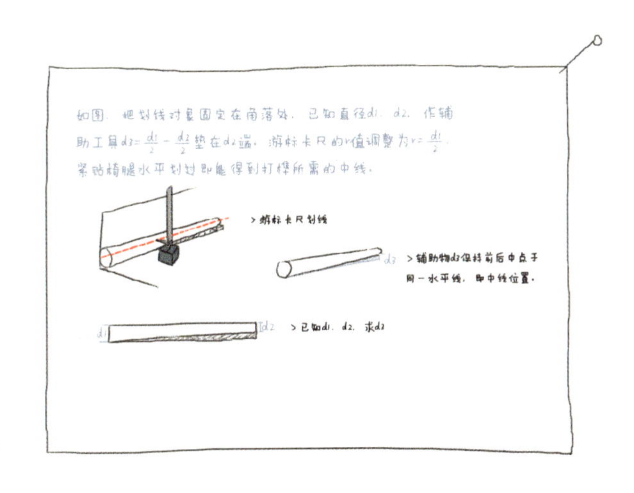

图 13

打榫：圆孔、扁孔

在打榫之前要固定椅子腿。椅子腿是圆柱形的，会来回滚动，所以要用一些木块去填补缝隙，以辅助机器夹紧圆柱形的椅子腿。同时，辅助工具 d3 仍旧要垫在小直径即 d2 端以保持部件平行，才能让铣刀直下时打出垂直的榫孔。

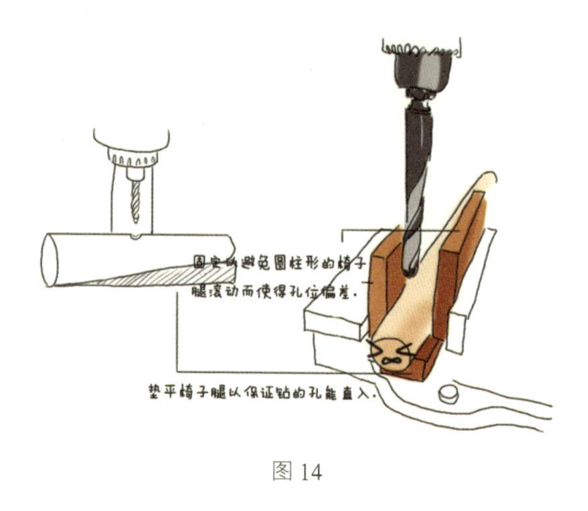

图 14

正如图 15 上方的简笔示意图所示，由于坐面的四个部件是弧线形的圆柱体，所以腿部与它们拼接的地方需要打入一个圆榫，即圆形的孔洞，这时候需要一个与坐面部件的直径相等的钻头（即 d=4cm 的钻头）对椅子腿进行打榫。

图 15 下方的简笔示意图中的钻孔方法则用于椅子腿与横撑拼接处的榫孔，因为横撑是扁状的，而且其长直径等于 2 倍的短直径，所以在打孔的时候钻头要直入到一定的深度，转动固定台，来回铣削，再慢慢深入，让铣刀在木料上来回扫动，直到铣出足够深的榫。

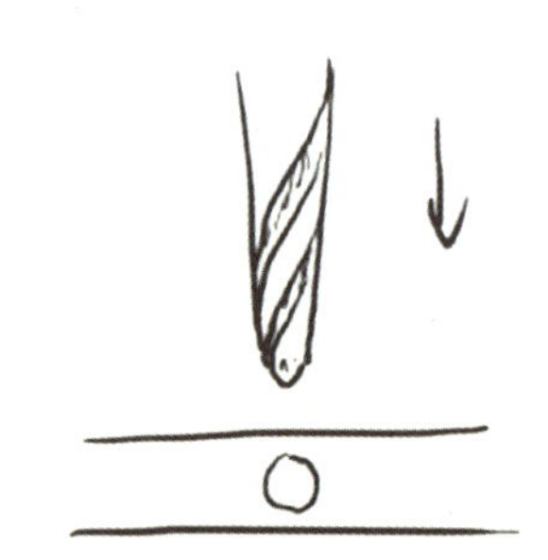

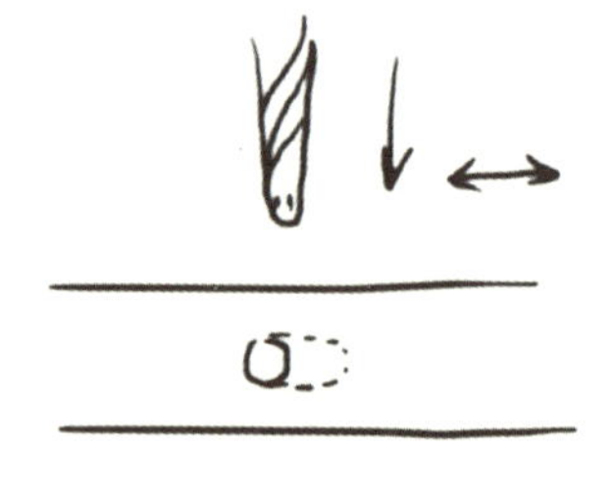

图 15

为了使榫接具有绝对的强度而又不影响椅子腿本身的承重能力，需要让横撑和侧杠全部以吞没的形式前后没入椅子腿中，并在此基础上打上榫条（图 16）。双榫条是打榫全程中最难的，而且也是最容易出错的，因为既要使榫接的两个部件完全衔接，又要使榫条接合得上。不过幸好是吞没式的，所以在看不到的地方有了难看的孔洞，也无伤大雅。

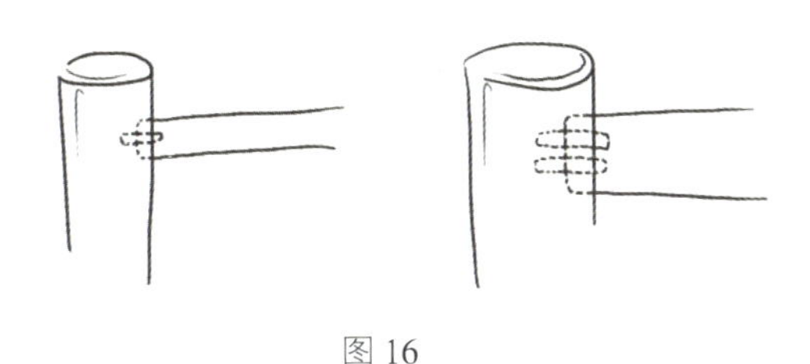

图 16

10．组装

放置于水平台上进行组装（图 17）是为了让椅子整体达到平衡，如果不平衡的话，会出现错位或者摇晃，坐起来就不舒服。先用气钉枪固定左右两侧四条部件与前后两部分，然后用软锤轻轻敲打后腿腿脚处，以调整后腿的倾斜角度。如果后腿过于倾斜，会影响承重，而且不美观；如果过于垂直，则显得很僵硬，靠背也会不舒服，再加上原作是稍稍倾斜的，所以组装时调整后腿的倾斜度尤其重要，最后敲定倾斜距离为 5cm，然后就可以上胶水进行组装了。

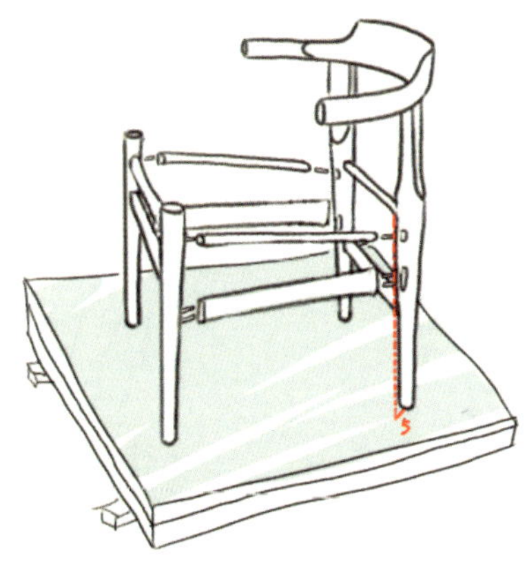

图 17

11．整体打磨

图 18

组装完之后就是打磨了（图 18）。到了这个时候，只能手工细磨，而且要选用颗粒密度大的砂纸，才能进行精磨，这个过程可能会不间断地持续两天，甚至更长，直至磨出“肌肤般细滑”的触感，才算完成。

12．坐面编织：牛皮纸纤

步骤 1：将绳头固定于角落隐蔽处，由下至上缠绕 7 圈（圈数是根据坐面数据所得，为了达到缠绕时牛皮纸纤前后垂直），开始第一轮编织。

步骤 2：绷紧，拉直，由上至下绕过横杆，从底下引至左侧，再由下至上绕过竖杆后，跨过由步骤 1 引来的绳线。

步骤 3：始终保持高强度的拉力，绷直步骤 2 引来的绳线，由上至下绕过竖杆，从底下引至横杆，再由下至上回来穿过步骤 2 引来的绳线。

步骤 4：由上至下回绕 7 圈，从底下引至竖杆回绕，再跨过步骤 3 引来的绳线，绷直引至步骤 1。

步骤 5：跨越由步骤 1 引来的绳线，由上至下绕过竖杆，从底下引至横杆，由下至上回到步骤 1，完成一次完整的缠绕。（图 19）

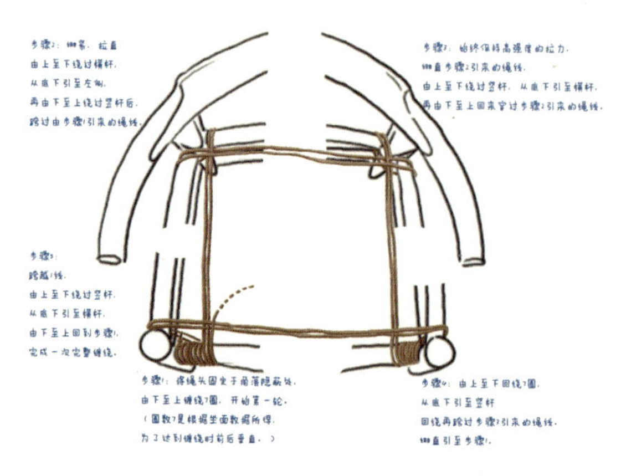

图 19

续绳

我们在编织的时候很难用一条不间断而且足够长的绳子完成整个过程，因为编织需要大量的穿插和抽取。如果绳子太长，在穿越和抽取的时候会浪费太多的时间，而且不一定能产生很好的效果（长时间的抽取会因为摩擦而导致前面的步骤松弛），这时我们就会用相对短一点的绳子去进行编织，到了结尾时就需要续绳。图 20 演示的是续绳的手法，这种双 8 字相扣的方式能让打出的结不会团得太大，而且能让前后两根绳越拉越紧，同时还能起到美观的作用。在这里，要注意尽量让续绳的结节处隐藏在两层循环的编织面之间。

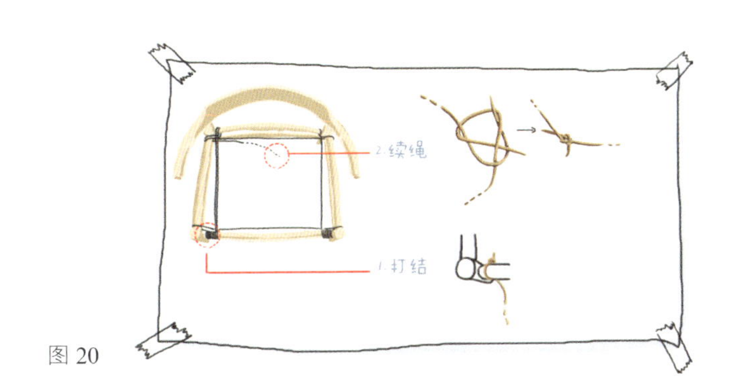

图 20

13. 作业展示

图 21

总结

此次课程带来的收获不仅仅是对实木的了解，还有意志上的磨砺，好几次不可修复的错误所带来的失落和打击把我逼近放弃的边缘，然而结果最终取决于你有什么样的决心，想要得到什么，所以我告诉自己，既然开始了，就要漂亮地结尾。这些人人皆知的道理实践起来还真不是人尽能之。

在这个课程中，我了解到许多关于木材的知识，也认识到了白橡木的特性，只有经历过才能历久弥新。与此同时，我也深切体会到家具的含义，以及怎样才能成就一把好椅子。从仿制汉斯的这把 PP68 椅的过程中，我进一步明了了其设计的精髓：的的确确是既充满了中式韵味，又散发着西方艺术的气息，耐人寻味。

bye bye

汉斯·韦格纳
Elbow 椅

广州美术学院工业设计学院
2010级家具工作室专业课程作业记录

课程名称：《现代家具史》

课程要求：模仿制作北欧设计大师汉斯·韦格纳的一件木椅作品。

学生：何汉

步骤安排：

1. 课程介绍开始于2012年10月29日
2. 确定方案及相关图纸
3. 开料制作相关部件
4. 组装各部件
5. 2012年11月28日完工

前言

实木课程要求我们临摹制作大师的作品，我选择汉斯·韦格纳的Elbow椅（图1），目的是通过制作，加深对造型、材料、结构、工艺等的学习和掌握。之所以选择这张椅子作为临摹的对象，是因为第一眼就被它椅背弧度的优美典雅和整体造型的朴实美感所震撼。

Elbow椅是汉斯·韦格纳在1956年设计的，但是一直保存在他的手稿之中，直到2005年，才将它首度发表于世。Elbow椅得名于它优美的椅背弧度，有着粗细如人的手肘般的线条，也因此有了“手肘椅”这个可爱的别称。椅背优美的弧度及触感，传达着最天然、原始的感受，而清晰、美丽的木纹也流露出韦格纳对木材的钟爱。

图1

1. 确定方案及相关图纸

这张椅子是采用山毛榉作为主体材料的，木材色白、肌理柔和，其坐垫则是由天然的牛皮制成，有着高雅舒适的质感，令人爱不释手。Elbow 椅是一把餐椅，主要由四条椅腿、坐面、靠背和支撑底托所构成，坐感舒适。我在制作 CAD 图纸时，尺寸参照了人体工程学数据进行绘制。四条椅腿都有倾斜的角度，根据参考图片，我设定了前椅腿 6°、后椅腿 8° 的倾斜度。Elbow 椅的支撑底托很有特点，是呈“口”字形往里收缩并带有弧度的结构，这种结构在中国传统的底托横枨中是不常见的。

我在网上找到一张大概的尺寸图（图 2），然后初步确定了具体的制作数据（图 3），最后用软件建模（图 4）。图 5（爆炸图）显示了靠背和后椅腿的连接，通过靠背延长一个小圆柱跟后腿拼接，这是我最初对原作做的小

图 2　　图 3

图 4　　图 5

改动，打算用 CNC 机裁出靠背，这样比较方便连接，但最后还是放弃了这个想法，因为这样处理会破坏椅子的细节和完美度，于是决定用 CAD 画具体的尺寸图（图 6）。

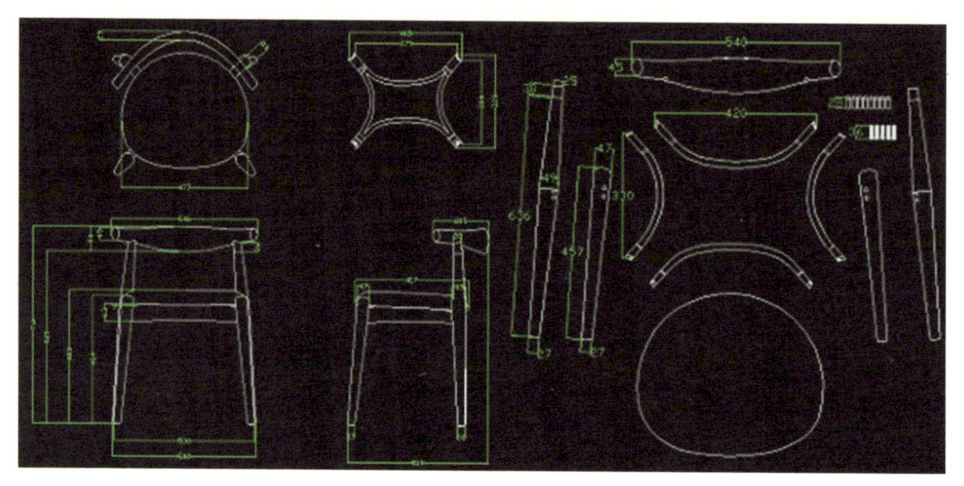

图 6

2．开料制作部件

我追随原作的山毛榉木，在木材市场淘到一块 2100mm × 250mm × 50mm 的山毛榉，通过开料刨板制作了如下几个部件。

2.1 椅腿的制作

我先把成品的木头裁成两条 760mm × 50mm × 50mm 和两条 500mm × 50mm × 50mm 的方木条，之所以要比椅腿的实际长度长，是因为部件要夹在机器里加工，会有部分被消耗。先在方木条两边的切面画出两条对角线并取中点定位（图 7），然后把方木条放进铣床进行加工（图 8）。开始我把前腿的最大和最小的直径定在 49mm 和 28mm，结果铣好后感觉有些粗，于是将最大和最小的直径数值调整为 46mm 和 26mm，后腿相应地调整为 47mm 和 26mm。虽然只相差两三毫米，但是给人的视觉感受很不一样。最后铣出的四条腿如图 9 所示。

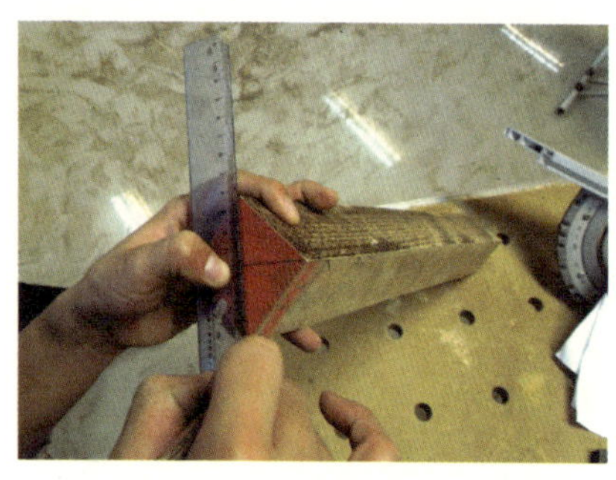

图 7

图 8

图 9

2.2 靠背的制作

我打算用犀牛软件对靠背和支撑底托建模，再用 CNC 机裁切，但因预约使用 CNC 机的同学太多，所以决定自己手工打磨靠背和底托。先开料两块 580mm×250mm×50mm 的木板，再用抛光机抛平表面，然后在木板上画出靠背的基本形状。大的切割机器难以切割出带弧度的形状，我只能用手动切割机慢慢地切出靠背的基本型（图 10）。

开好料后开始拼板（图 11），拼板时出现接缝空隙是因为原板材表面不平整、中间有凹陷。但如果一开始就把拼接面刨得很贴合，则需要刨掉 7mm—9mm，靠背的高度是 95mm 的，而我是用两块 50mm 的木板拼接，刨太多会影响到靠背的高度。图 12 所示为我在用手动砂轮机把拼接面刨平整，尽量避免了因刨太多而导致靠背高度不足，接起来后靠背的高度是 94mm，最后用白乳胶拼接靠背板。

图 10

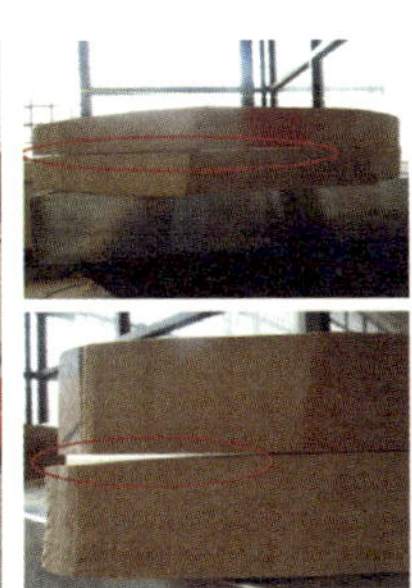

图 11

图 12

靠背胶接后进行打磨，打磨得光滑漂亮与否，直接关系到能否享用“手肘椅”这个美名，所以我很用心地打磨靠背。首先在靠背的顶面贴上它的俯视图图纸（图 13），根据图纸用手动刨子刨出靠背背面和正面的弧度，抛好后，在靠背的后面贴上正视图图纸，刨出正视图投射的形状和两个扶手（图14），再把靠背边缘棱角磨成光滑的圆角曲线。越到最后越要小心地打磨，并不断更换细砂纸，最后用1500目以上的细砂纸才能打磨光滑（图15）。（我一开始用刨光机刨出靠背轮廓，因为刨光机的刀片深浅可调节，比用打磨机快，而到了最后处理轮廓线、倒圆角时再用打磨机。）

图13　图14　图15

2.3 坐面底托的制作

底托的开料方式与靠背相同，我用切割完靠背剩下的废料切出了四条底托横枨。因为木头有5cm厚，而且切割范围也比较大，我用断了3条锯片，费了好大劲才完成靠背和底托的开料。底托在拼接前要先将其表面用砂轮机打磨光滑，拼接面用抛光机抛平。打磨接近完成时要来回均匀地拖动砂轮机，根据形状、结构运用打磨的技巧，否则会出现凹凸不平甚至磨坏底托，特别是底托内弧的打磨更加要注意，最后用视觉和触觉来判断打磨是否完美（图16）。

底托部件打磨好后开始拼接，用夹子夹好四条部件的四个端点并做好记号，用冲击钻在底托的每个接口处打两个1cm的榫孔来上圆榫（图17），这样能保证底托的强度和牢固性。在这里我的做法有点笨，是钻好榫位后才粘上胶水拼接，应该是先粘上胶水固定好后再打榫才能降低误差，幸运的是我定位时处理得比较准，所以没有出现榫孔错位的情况。基于美观的考虑，我应该打暗榫的，这样在外面看起来更美观、精致，这也是我考虑不周所留下的遗憾。

图 16

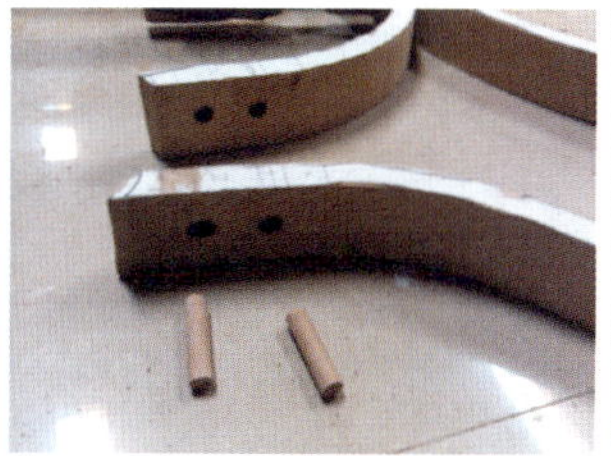
图 17

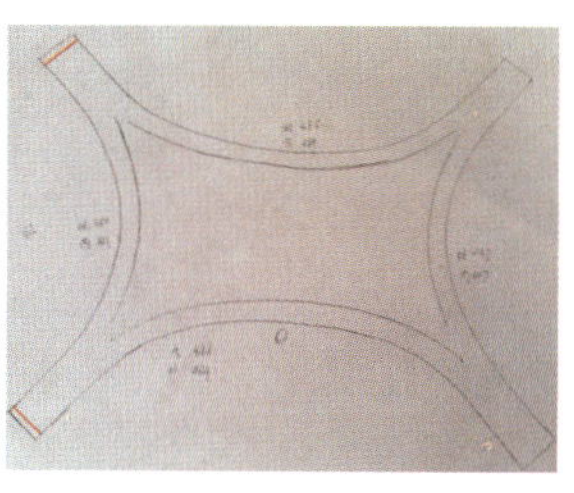
图 18

为了验证底托的准确程度，我把胶接干燥后的底座投射到一张白纸上，量出上下左右四条边相对应的位置，结合 CAD 图纸参照，检查其是否对称，按图 18 所示虚线裁切调整，然后再去打榫铣角度。

3. 组装各部件

3.1 椅腿与底托的拼接

椅腿与底托的连接方法有两种：其一是在椅腿上开个大一点的槽，直接把底托插进椅腿；其二是在底托上做文章，给底托开榫，并切出跟椅腿连接处大小合适的弧槽，通过方榫连接椅腿。师傅建议我用第二种方法，因为第一种难以控制接合时的那条接缝，处理不好就会很难看。

底托的侧面是一个立体的弧面，无法按照平面的方法用打榫机打榫，因

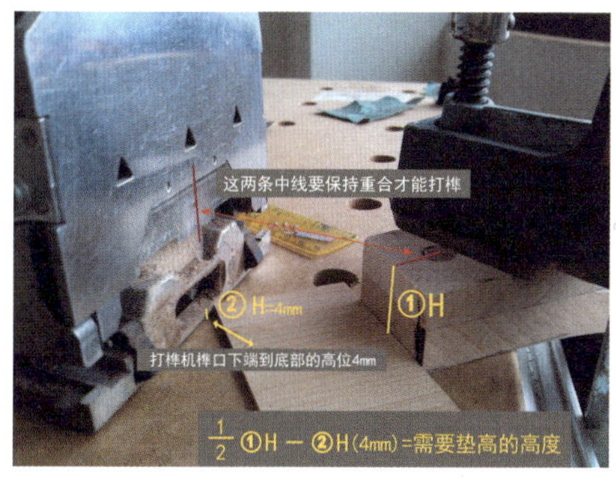

图 19

图 20

此只能去找东西垫高打榫机的底部以弥补这个高度差，具体的计算公式如下：需要垫高的高度 = 被打榫物体切面高度的一半 - 打榫机榫口底部高度（4mm，图 19 的 2 号黄线）。打榫时要确保打榫机的中线与底托打榫位置的中线重合，我打的榫口尺寸为：深 22mm、宽 20mm、高 10mm（图 20）。

安装后的前椅腿应有向外倾斜的角度，所以要把底托与前腿相连接的接口铣一个 6° 的倾斜角。学校模型室的铣床机器只能是垂直往下钻孔，做不了斜角，所以我自己切割了一块 6° 的小木块，把它放在底托下面垫高后再铣角度（图 21）。这一过程中注意要找两块小木块垫一下底托榫口的两侧和底部，以免因夹不紧而发生左右偏移以及夹坏底托的失误。此外，铣刀也要选择跟椅腿拼接处直径大小接近的，如此才能使接口吻合，在此我用的是 45mm 的铣刀。钻孔的时候要使用高速挡位慢慢匀速地往下钻，才能减少底托边缘线的损坏，图 22 所示的是使用低速挡造成的粗糙的边缘线。

图 21　　　　图 22

后腿的加工也是同样的原理和程度，只是我把小木块的倾斜角改为 8°。

椅腿开榫时，先确定椅腿的中轴线，确保榫位不会偏离中轴。我与师傅沟通后，他给了我一个画中轴线的标尺，用法很简单，首先确定椅腿最大圆的直径和最小圆的直径，然后两者相减再乘以 0.5，就得到了要垫高的高度（图 23），按照计算出来的高度把最小圆垫高，再把标尺的刻度调到最大圆直径一半的高度就可以划线标记了。画好中轴线后，要根据已经确定的底托榫口，量出椅腿榫口的位置和大小（图 24），要注意每一条椅腿的榫口与其相应的底托榫口对应，这样做是为了避免底托因人工制作出现的误差而造成椅子接起来后坐面高度不一致和角度不一致。

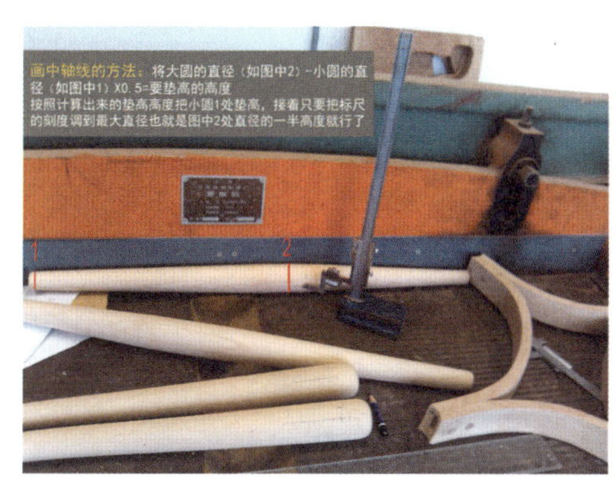

图 23

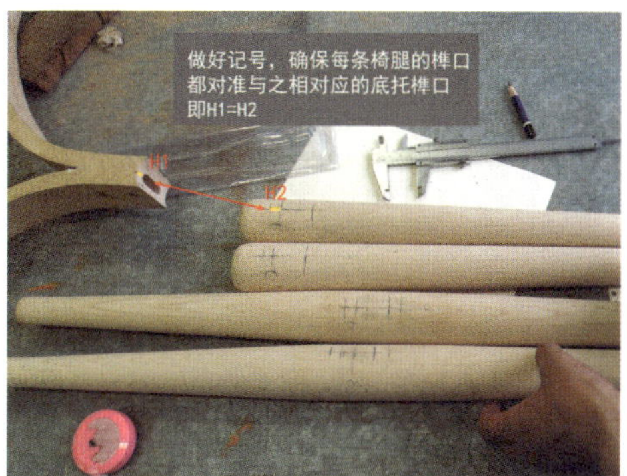

图 24

椅腿的开榫方法有两种：一种是用打榫机开榫，这个方法跟上面画中轴线的方法接近，也是要把椅腿垫高，但这样很难打出一个带倾斜角度的榫孔，只能开直角榫，会影响椅腿的斜度，因此我没有采用此方法。第二种是把椅腿放到钻底托斜度的那台铣床机器加工，先将椅腿放到铣槽里，把左边的椅腿往上提，使其与铣槽两边的铁块上端保持水平状态，之后稍微夹紧，避免松动移位（图 25），再把跟每条椅腿的倾斜角度一致的小木块放到右侧的铣槽里，按照操作左边椅腿的步骤把右侧往上提，保持小木块与两边的铁块呈水平状态（图 26—27），夹紧后用铣刀开槽。开槽要非常小心，因为这个机器不是专业的打榫机，容易操作失误毁掉榫口。

图 25

图 26

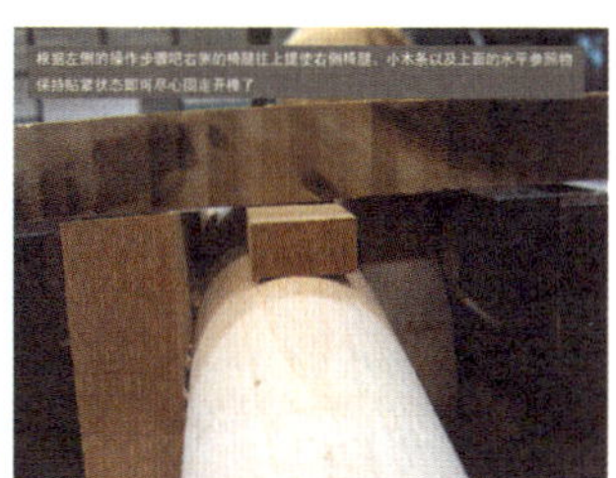

图 27

3.3 椅腿和底托的拼接

椅腿和底托拼接后，发现侧视图中两边左右椅腿之间的距离不对称，后视图中左右两边后腿的倾斜度也不对称（图 28）。针对以上的问题，我反思自己出错的地方，重新把底托投射在一张白纸上，量出了不对称的地方（图 29)，在图纸上修改，把四条腿之间的对称性误差缩小在 1.5mm 的范围之内。造成底托不对称的原因，应该是铣槽机转倾斜度时和第一次切割底托时操作不当。除了底托长度不对称外，自己在打磨时把底托榫口外面的两侧面也打磨得不够平行。最后一个原因，就是椅腿开榫位时操作失误，错误地使用了手动冲击钻的那种钻头，而不是铣床的专用铣刀，所以铣槽时发生了偏移，造成榫口变歪（图 30)。

图 28

图 29

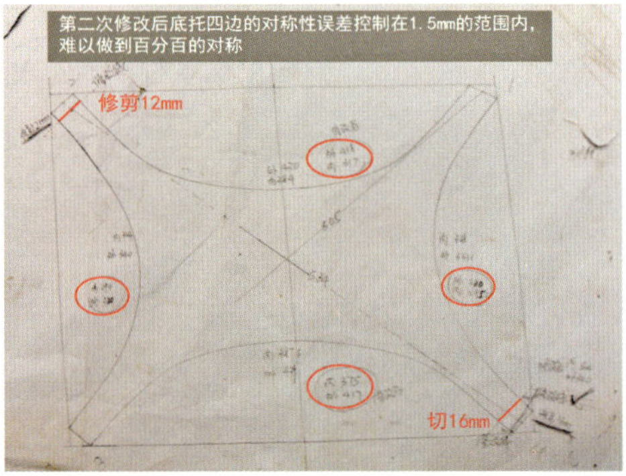

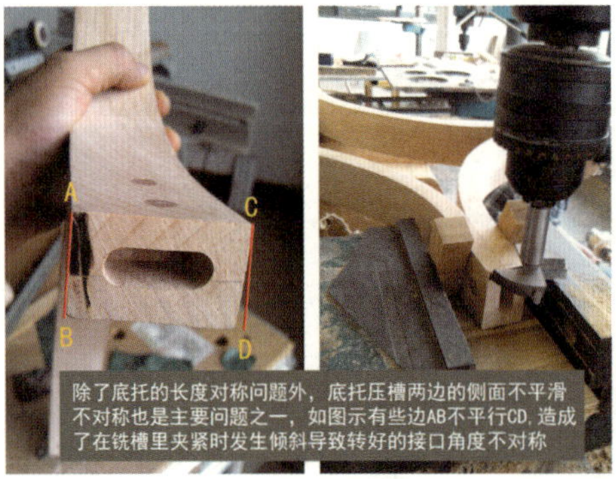

图 30

图 31

对此，我做了两个修改方案：

（1）把底托 2 号和 4 号榫口分别裁剪为 12mm 和 16mm，修剪对称后再重新铣出弧形角度，但如此调整后还是有点不对称，同时榫孔也变短了，要重新把榫孔打深。

（2）底托修剪后不能再在底托上做文章了，以避免底托变短影响整张椅子的比例，最后决定在椅腿拼接的地方，根据接口的闭合程度磨掉多余的部分，或挖深榫孔来调整角度的对称性（图 31）。应该说，调整椅子的对称是很有挑战的事情。

3.4 后椅腿和椅背的连接

经过上述两个调整方案后，四条腿基本对称（图 32），但要把靠背和椅腿开榫拼接，才能最终调整好整张椅子的对称性和稳定性。靠背的打榫让我头疼，因为害怕打错榫位接不上后腿，即使能接上，也有可能会破坏后腿的对称性。靠背开榫的宽度大概是 30mm 左右，而后腿顶端有段 30mm 长、直径 26mm 的圆柱，这是铣椅腿时留出来接靠背的部件。直接把后腿插进靠背是不科学的（我绘制图纸时没有考虑好靠背的拼接），于是我把后腿顶端做成一条小圆榫，作为圆榫直接连接靠背和后腿。我通过铣床把后腿顶端直径为 26mm 的圆柱改为一段长 20mm、宽 16mm 的小圆柱（图 33），把榫孔里面的 10mm 的长度改为 20mm—26mm 的渐变，以免接起来接口处太丑。我找来

图 32

图 33

16mm 和 20mm 的铣刀，在靠背上先开一个深 25mm、宽 16mm 的圆孔，在外侧再打一个深 5mm、宽 20mm 的孔覆盖之前那个孔，这样就可以把后腿插进靠背了。

靠背在打榫时必须将其背面与水平面保持垂直（图 34），只有这样才能保证组装时有一个稍微向后的倾斜度，但仍基本保持与水平面的垂直。要想把靠背与水平面保持水平，需要找东西把两边稍微垫高（图 35），根据目测和直角三角板来调整。

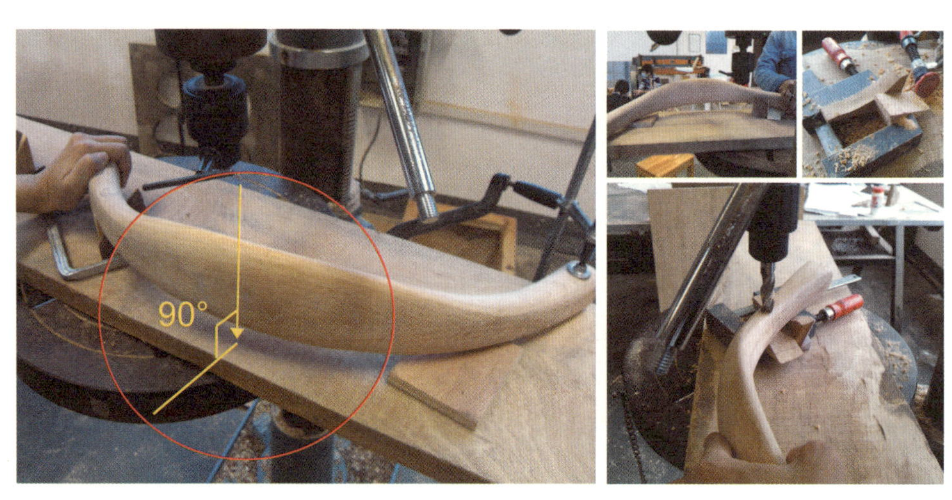

图 34　　图 35

3.5 软包坐垫的制作与拼接

为了节省材料，我用一块 17mm 厚的杉木板作为坐垫的坐板，贴上 CAD 图纸刨出座板的形状（图 36），喷胶后贴上一块 50mm 厚的海绵，用钢丝刨把海绵刨薄并刨出中间内凹的弧形，然后在表面贴上一块 3mm 厚的绿色薄海绵，盖住厚海绵的抛痕，改善表面的平滑度（图 37）。最后，我把在皮料市场淘回来的棕色皮料包住坐垫，第一次包的皮料因为面积不够大，收口处出现了很多的褶皱，只好拆下来重新裁了一块大的皮料做软包，效果好很多（图 38）。

最后一道工序是把坐垫与底托连接固定，在调好坐面的位置后，我用冲击钻钻了 4 个 4mm 的孔上螺丝钉（图 39）。

图 36　　图 37

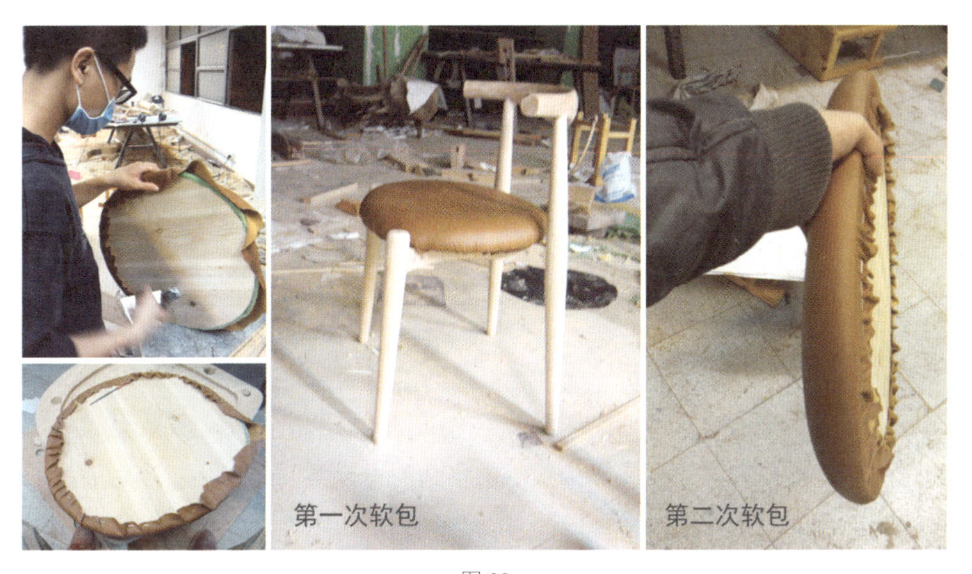

图 38

图 39

4. 作业展示

为了保留原木自然的纹路，我没有为椅子喷漆。为了完美，再细细地打磨，Elbow 椅就完成了。

总结

现在我明白老师安排这个课程的意义了，通过动手制作，理解形式、功能、材料、结构和工艺之间的关系。韦格纳的设计不仅实用，巧妙之处在于他对各部位的比例尺度有着精准的拿捏。我觉得仿制这把椅子不应该只停留在复制的层面上，更应该藉此进一步了解和探究韦格纳乃至北欧的人文设计理念。韦格纳在家具设计和制作上所投入的不仅仅是专业技能，更有一种精神和情感，细腻的打磨使得木质构件转角圆润，给予使用者触及的安全、亲近之感。

物体作为社会变迁的载体之一，必然会呈现出某种变化。在现今中国人寻求文化归属感的时候，我们应该如何通过设计来呈现中华民族特有的人文精神呢？中华民族的文化内涵、本质精神，正是我们在日后的设计学习和实践过程中需要慢慢感受、呈现的。

汉斯·韦格纳
Y形椅

广州美术学院工业设计学院
2010级家具工作室专业课程作业记录

课程名称：《现代家具史》

课程要求：模仿制作北欧设计大师汉斯·韦格纳的一件木椅作品。

学生：林惠敏

步骤安排：

1．课程开始于2012年11月5日

2．确定制作的木椅方案

3．确定尺寸

4．建模

5．制定制作计划

6．买料、开料

7．分料

8．切割

9．零部件加工

10．打榫

11．组装

12．打磨

13．坐面绳编织（2次）

14．完工

前言

韦格纳是北欧家具设计界的重要人物，他的工艺天赋、对产品的透彻认识，以及对生产条件的深入理解，使他的作品具有北欧设计的典型特性。家具的优劣不能单凭视觉来判断，需要通过身体接触来感受，韦格纳的家具设计完美地体现了视觉与触觉上的享受。他的作品满足了实际的日常生活使用需求，充分发挥了其设计功能，换句话说，使用其作品，是一种“每一天都可以享有的快乐”。Y形椅就是这样一件作品，也是韦格纳著名的代表作。

1．确定制作的木椅方案

图 1

这次我选择制作 Y 形椅（图 1)。韦格纳有许多著名的代表作品，我之所以选择 Y 形椅，是因为这把椅子较多地用于各种场所。事实上，制作出来的 Y 形椅也确实很让人喜欢。

2．确定尺寸

图 2 和图 3 是我在网上找到的有关 Y 形椅的部分尺寸，其他未知的零部件的尺寸，则是我与同学一起讨论得出的。由于无法找到原作的确切数据，只能按照比例尺 = 图上距离 / 实际距离的公式来定尺寸，得出比例尺为 175/21。这样定的尺寸与原作可能会有很大的出入，于是我参照人体工学的数据，根据已有的椅子尺寸酌情确定。事实证明，当时确定的尺寸会因为随后的实际操作而作适当调整。

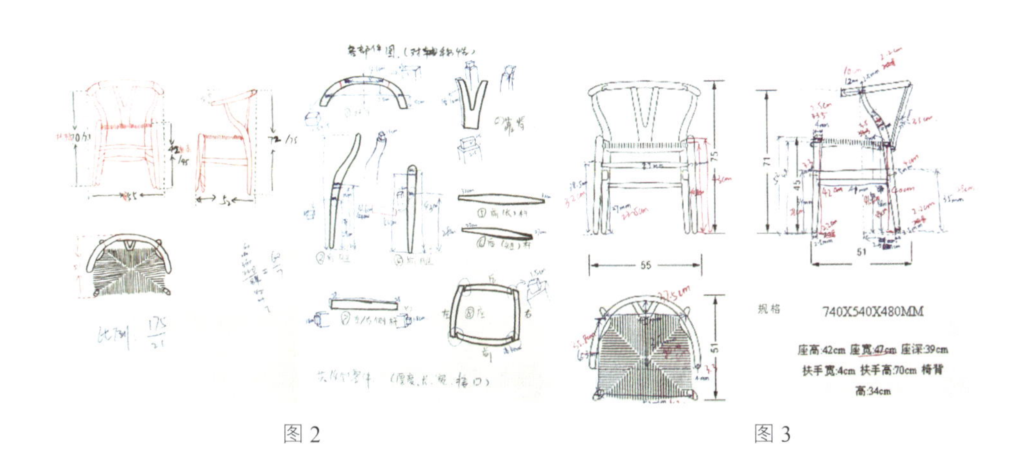

图 2　　图 3

3．建模

建模使用的是 Pro/E 软件，需将零件一一建构出来（图 4)，再拼装成整张椅子，其过程好比实物制作的流程。老师要求我们建模时作爆炸图（图

5)，以便直观地体现椅子的结构及拼接方式。回头来看，爆炸图对我们制作椅子有很大的帮助，因为这要求我们必须对椅子的制作有一个非常精确和清晰的思路。一开始并没有很好地了解Y形椅的结构，尤其是后腿的弧度，以及后腿与其他零件连接的正确榫位，经过同学和老师的提示后才发现与原作出入很大，做了很多修改。由于经验贫乏，建模时榫的种类也很单一，只有圆榫，未能很好地考虑到部件的受力情况及榫位。

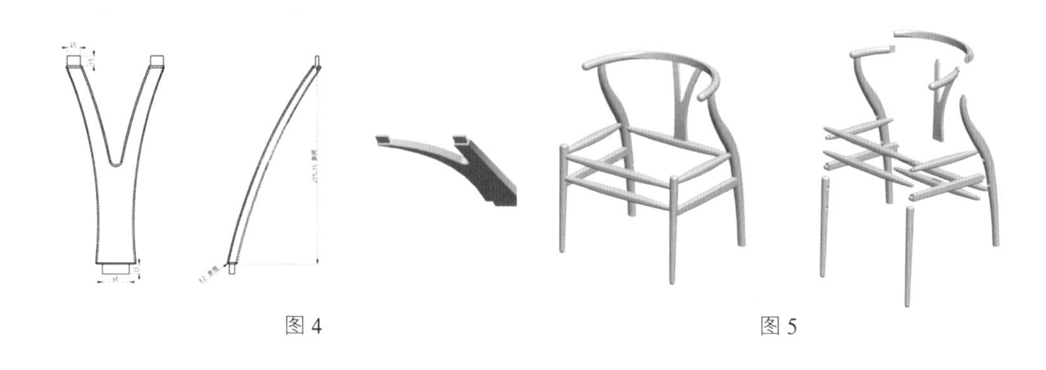

图4　　　　图5

4. 制定制作计划

最初制定的Y形椅制作计划，现在来看，是不科学的，脱离实际。我忽视了制作过程中最难最重要的组装这一步。最后的组装其实是花大量的时间去拼接一个对称的三维空间，需要不断找依据，制作大量的辅助定位工具。

11.5（周一）　去木材市场，了解木材的规格、价格，估算整张椅子的用料。选料时注意木的硬度、收缩度、纹理等。

11.6（周二）　买料，让店家帮我们开料（条件允许的情况下），把CAD文件带过去给店家。

11.7（周三）　用CNC机裁切好零部件，在模型室加工木材店无法帮我们裁切的部分。

11.8（周四）　完成靠背的制作和打磨。

11.9（周五）　进行扶手的制作和打磨，并打榫连接好，争取完成对称部分的另外两个零件。

11.10（周六）　完成扶手与扶手打磨，并打好榫，连接好。模型室休息，有些工具用不上，只能打磨。

11.11（周日） 制作前后坐杆。

11.12（周一） 制作两根前腿和左右侧坐杆。

11.13（周二） 进行后腿的制作和打磨，并连接好。

11.14（周三） 完成两根后腿。

11.15（周四） 完成前后坐杆。

11.16（周五） 完成左右侧坐杆，并了解坐垫的编织，打磨零件，完成组装。

11.17（周六） 缠织坐垫，做适当调整。

11.18（周日） 打蜡调整。

5．开料、买料

开料即是估算每个零件需要用多少材料，然后算出总和。开料前我们都不清楚有什么规格的木材，完全是按照理想状态来计算的。后来我们花了两天时间跑材料市场，第一天主要了解市场上有什么样的木材及其特性、规格、价格等（图6）。经过询问木材店的老板和学校的模型室师傅，最后决定买榉木。一是价格合理、容易加工，二是Y形椅原作所用的材料正是榉木。由于学校资源有限，为了确保进度，开料时部分零件（图7中的绿色部分）为手工切割，较为复杂的零件（如后腿和靠背，图7中的红色部分）则采用CNC机切割。

图6

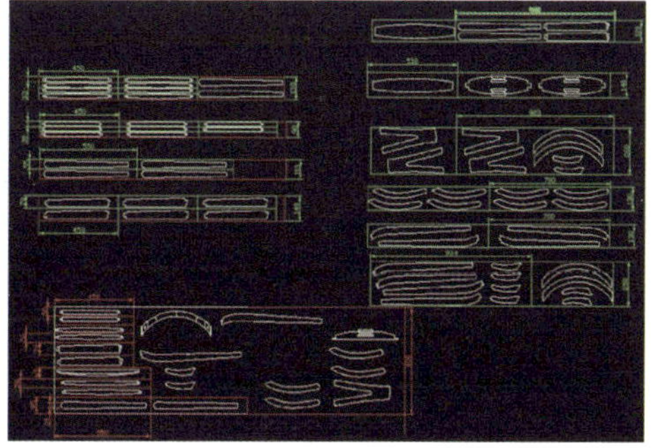
图7

6．分料

因为材料不单卖，于是我们联合制作相同椅子的同学一起买料。买了材料后，我们先分出每个人的分量，然后自己再细分出每一个零件的用料（图8—9）。

图 8

图 9

7．切割

每个零件的形成几乎都要经历以下程序：切割（图 10）、打磨削平（图11）、再打磨（图 12）、倒圆角（图 13）、成型（图 14）。

图 10　　图 11

图 12　　图 13　　图 14

8．部件加工

部件的加工主要是运用了电动切割、手提切割机切割、CNC 机切割和车削 4 种方式（图 15），其中车削是最讲究技术含量的。

图 15

车削时很重要的一点是测算角度，在进行椅子前腿和横档这两部分的零件加工时我们运用了车削。车削加工开始前，师傅告诉我们需要把哪些部分的角度算出，具体公式在下文进行了总结。除了套用公式，最直接的方法便是在 1∶1 的图纸上用量角器测量，算出的角度是 1 度。我们自己进行车削，刚开始时车坏了好几根木材，很是心疼，不过学到了手艺，还是值得的。

车削的角度计算

前腿加工：

（1）椅子的前腿是一根一端直径为 4cm、另一端直径为 2.8cm 的上大下小的圆柱。

（2）进行角度计算，具体计算为：先在 1∶1 的图纸上作出两端的水平线 a-b，在任一切点 A 上作一直线 a 垂直于另一水平切线 b，连接 A、B 两点，求出 <1。根据公式 <1=arcsin （a/c），把 <1 算出来（图 16）。

横档加工：

（1）横挡零件的形态是中间直径为 3cm、两头直径为 2.5cm 的圆柱状，即中间大两头小。

（2）进行角度计算，具体计算为：先作出中间最高点的水平切线 d’，再作两端水平切线 b’，作直线 a’同时垂直于 b’、d’，连接 A、B，求出 <2。根据公式 <2=arcsin（a’/c’），即可算出 <2（图 16）。

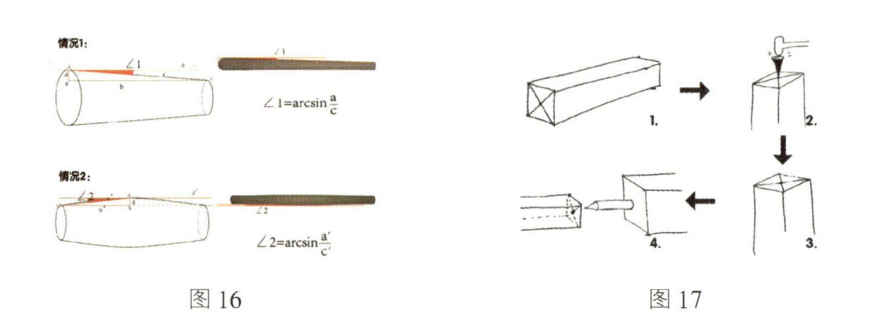

图 16　　　　图 17

车削的步骤（图 17）：

（1）把需要车削的木材裁切成两侧面近似长方形的长方块（由于车削机器的长度有限，木材长度只能在它规定的范围内，大约为 45cm 以内）。

（2）在长方块两侧的面上把对角线连上，两线相交之处为中心点，然后在两侧的中心点用钉子敲一个小孔，在车削时用来固定两头。

（3）固定在车削机上分为两个阶段：第一个阶段属于前期工作，即把木块两头用尖头针对准中心点，然后通过调整机器，两边施力夹紧固定（需要注意的是两头施力不能过大，否则会使木块车削时出现爆裂），固定好后先在其中一端车削出大概 5cm 的圆柱，为后面正式车削时固定所用。

（4）第二阶段是正式车削，把木块安装在车削机上（图 18），用针尖对准木块一头的侧面的一个小孔，木块另一头的固定方式是用机器夹紧，夹的部分大概预留 2cm—3cm（夹的这一部分正是事先车削出圆柱状的那端）。因为车削时始终是保持轴对称运动，因此找准中心线至关重要，否则车削出来的零件会不对称。

9. 打榫

(1) 在需要打榫的零件上准确画出榫位并标出榫类，在 1∶1 的图纸上测量出相关的数据（图 19）。

(2) 由于椅子的腿不是垂直于地面，是有斜度的，因此打的榫孔也要随之倾斜，测量出倾斜角度（图 20）。

(3) 组装是制作整张椅子的重点和难点。在一个立体三维空间要保证做到椅子垂直或对称就得不断地寻找依据，并制作相应的辅助工具。椅子是否能精确组装，辅助工具起决定性作用（图 21）。

图 18

图 19

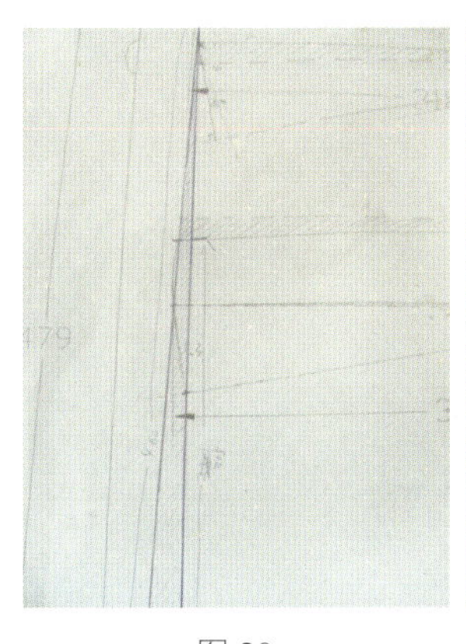

图 20

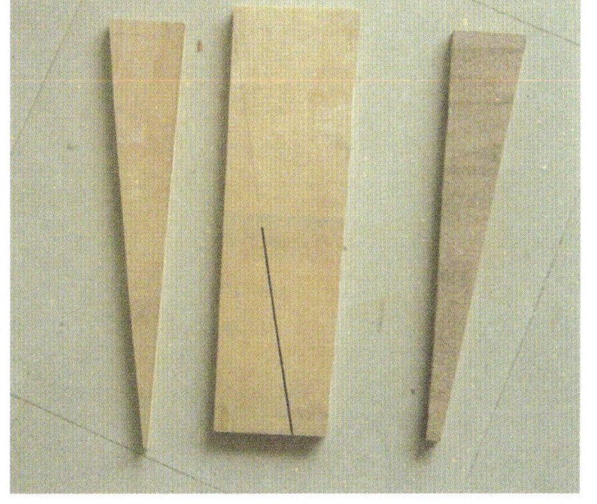

图 21

(4) 确定中线。定好榫位之后便是画中线。在椅子的腿上画中线是很重要也很难的步骤，尤其是后腿，一旦中线没画对，打榫的位置便随之错位，组装起来的椅子必歪无疑。

师傅告诉了我正确画前腿中线的方法：首先，测量出前腿两端的直径 d1、d2，做个高度为 $d3=d1/2-d2/2$ 的辅助工具垫在半径小的一端，使之两端的高度保持一致，然后将椅腿与辅助工具一起固定，把游标卡尺的尺度调为 $r=d1/2$，游标卡尺紧贴椅腿水平滑动后便能画出正确的中线（图 22）。

我为后腿画的中线不准，画出的左右两根后腿中线不对称，组装时椅子严重变形，归根结底是中线位置出错导致后面榫位不对，最后只能不断地修改到对称为止（图 23）。

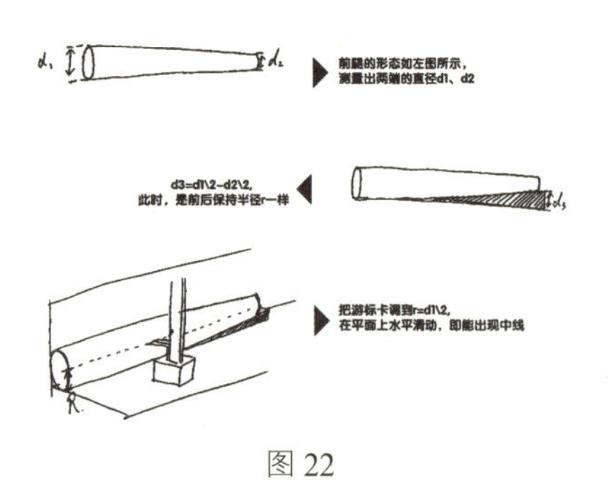

图 22

图 23

(5) 打榫。在椅子零件上定好榫位后，通过手工和机器相结合的方式打榫。运用机器打一个有倾斜角度的圆榫孔时，需要采用辅助工具（图 24）。有时候要用到电钻打榫，最难的是保持榫孔垂直（图 25）。我手动打榫偏差很大，零件组装时错位严重。

这次制作的 Y 形椅有两种榫，一种是圆的，一种是扁的（图 26，根据打榫零件的外形加以分类）。因为这是我第一次制作实物家具，因此榫类略显简单，不巧妙。榫接得正确与否，会直接影响到椅子的承重能力和美观。

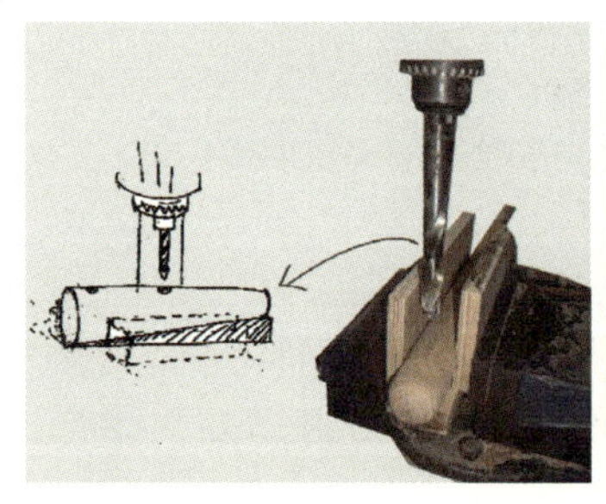

图 24

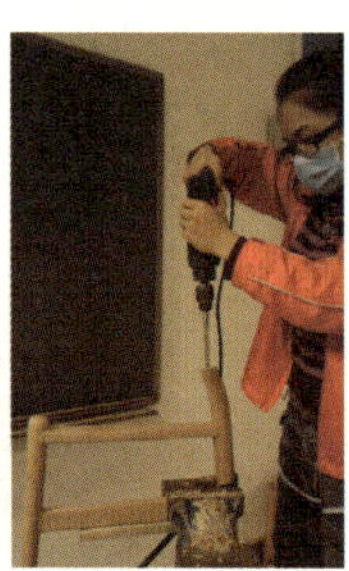

图 25

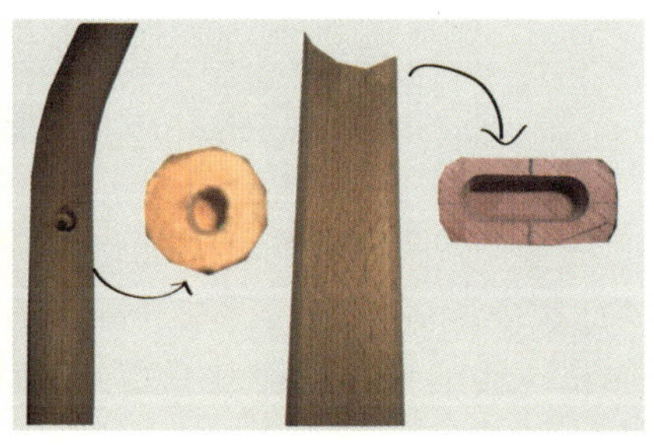

图 26

10. 组装

为了组装起来更美观，我先测量前后腿衔接部分的直径，然后找到与之直径接近的钻头，由上至下压，并且有一定的斜度（图 27）。组装时不断地与 1∶1 的图纸对比，力求准确（图 28）。用 AB 胶粘合剂后，应该用夹子固定，但由于资源有限，我用较重的椅子放在上面来加固（图 29）。组装时不断找依据，并运用建房时常用的吊坠垂直法来安装靠背（图 30），但此方法的精

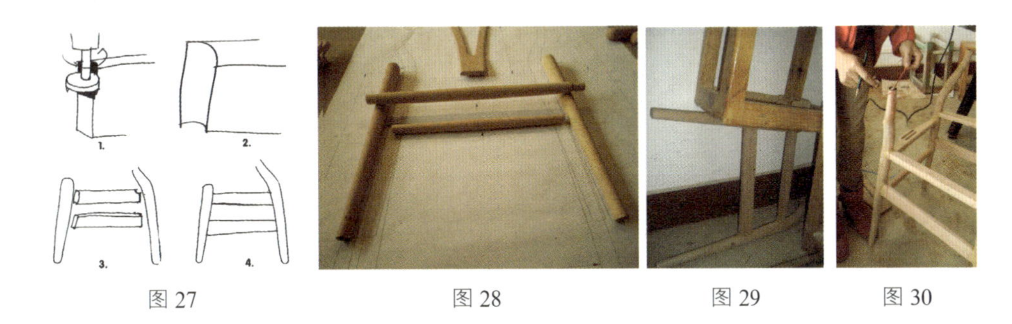

图 27　图 28　图 29　图 30

准度并不高。

把框架组装起来后发现歪了，不对称（图 31）。仔细研究后发现，是中线出了错，于是把错的榫孔填掉（图 32），重新打榫。当然，这是非常影响外观的。因为时间短，加之材料短缺，便没有重新车削新的框架。最后重新测量榫位再打孔，再次组装起来的椅子比之前的对称多了（图 33）。

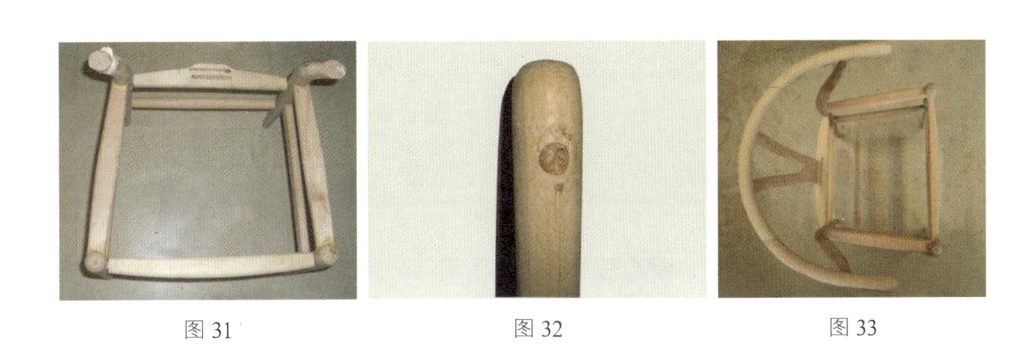
图 31　图 32　图 33

11. 打磨

打磨是贯穿整个制作过程、需要不断重复的工作，砂纸打磨、砂轮机打磨、木刨打磨、机器削平是我这次制作椅子所用到的四种打磨方式（图 34）。

由于 Y 形椅的坐垫是由绳子编织而成，因此需要先把整个框架打磨平整后再进行缠绕编织。开始时使用砂轮机小心翼翼地打磨，越到后面越细，用不同型号的砂纸一遍一遍地打磨。这是一个相当累人并且很考验耐心的过程，尤其是我最初使用的 AB 胶有坚固的粘性，使用时的不注意进一步增加了打磨的时间（图 35）。

图 34

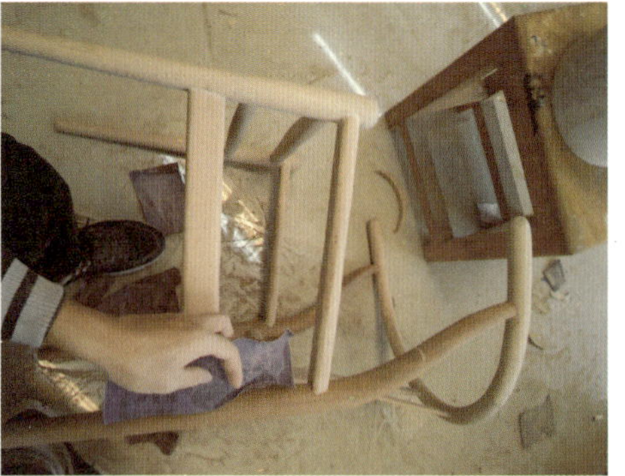

图 35

12．坐面编织

第一次坐面编织时按照自己的想法（十字编织法）进行。把“口”视为坐面的四根横杆，先对角缠绕一个十字架，然后同时用两根线围绕十字架当中的任意一条绳子来回穿插，错开缠绕，每一个角均如此，可以同时进行（图 36）。采用这种方法编织出来的坐面的承受力主要集中在中间的十字架上，承受能力差，不美观（图 37）。这种承受力差、不美观的编织无疑是不符合课程要求的（图 38）。

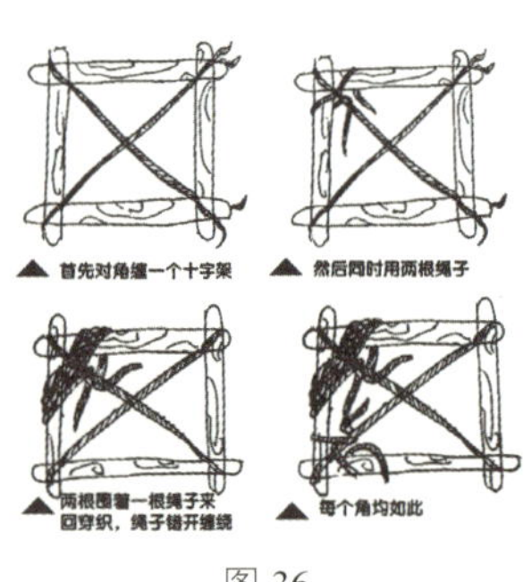

图 36

图 37

图 38

13．再次编织

经过一次失败后，与其他同学一起研究了一种新的编织法，这也正是原作的编织方法。把“口”视为坐面的四根横杆，先把绳子的一端固定在任意一根横杆上（视为横杆一），然后始终保持绳子在上面穿到横杆二，再由上往下穿到横杆三的上面，紧接着往下穿到横杆四，保持绳子在下面，再由下往上穿回到横杆二，穿过绳缝再一次回到横杆四，这相当于打了个结，绳子的编织更牢固了（图 39—40）。

这种编织方式最难的是收尾，最后椅子的缺陷在于坐垫的绳子没有完美地收尾，虽然试图努力修改，但仍旧不完美，影响美观。尽管第二次的缠绕有瑕疵，但对我而言却有很大的收获和进步（图 41）。

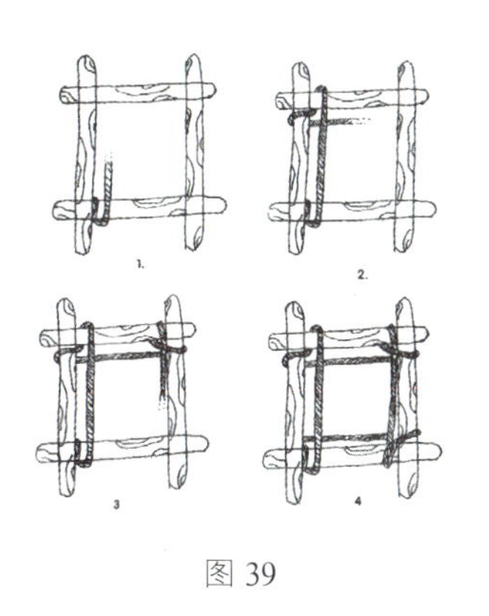

图 39

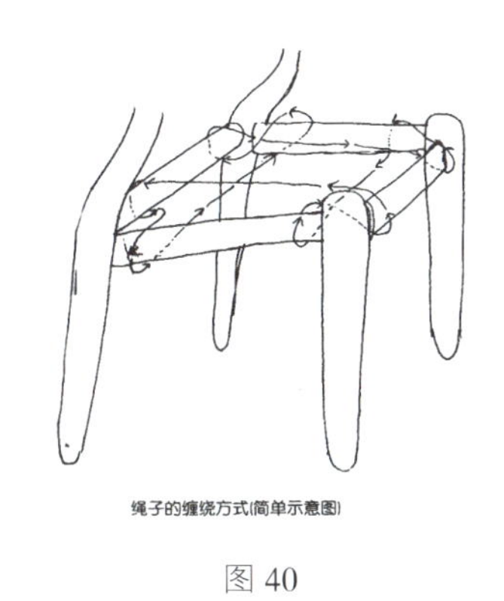

图 40

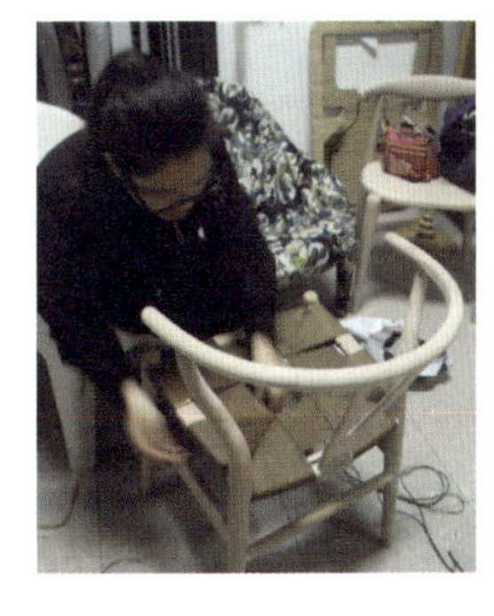

图 41

13．作业展示

总结

4 周的制作课程让我受益匪浅，这个作业是我在家具工作室学习期间最进入状态的一次。也许由于老师的缘故吧，我做事变得勤快，因为老师相当负责，让我很有干劲做下去。

不得不承认实木家具的制作很累人，但也是我收获最多的时期。说不上更多的专业性的总结，对我而言，最重要的心得便是贵在坚持。坚持和积累后的成果是丰硕的，我们没有理由不去持之以恒地做每件事。

我花了将近一个星期去总结这个课程，以前都是应付式地做汇报，但这次是自己认认真真地去做。从 PPT 的排版，到一些手绘的辅助图，不带半点含糊。这次课程的收获很多，我不想就这么一笔带过，希望这次制作经历能够为我以后的学习提供更多的借鉴。

非常感谢老师给我的指导和鼓励，我会再接再厉，同时，也感谢自己的坚持，希望下次能够做得更好。

汉斯·韦格纳
中国椅

广州美术学院工业设计学院
2010 级家具工作室专业课程作业记录

课程名称：《现代家具史》

课程要求：模仿制作北欧设计大师汉斯·韦格纳的一件木椅作品。

学生：吴韦翔

步骤安排：

1．制定工作计划

2．查阅汉斯·韦格纳资料，收集其作品，确定仿制对象为中国椅

3．大量查阅现有的尺寸比例，并推敲

4．用已经有的尺寸建立模型

5．计算材料数量，选定使用木材

6．购买材料

7．开料

8．部件加工，组装椅圈

9．车削

10．挡板制作

11．椅子上端的圈形部件制作

12．开榫

13．组装

14．打磨

前言

对于我个人而言，家具是一门考究的细活，以我现在的了解和知识体系不能随便界定其好与不好，只能凭借个人感受去慢慢体会和研究。北欧设计大师汉斯·韦格纳是一位出色并且执著的著名设计师，对人机工程学很有研究。他设计的每一件作品，在品质感和外观美感以及内在的文化内涵方面，都着实很有必要让我们这些初学者好好地学习和领会。此次作业选定他于1944 年创作的樱桃木与桃花木中国椅，2008 年推出黑槐木，至今弗利茨·汉

森家具公司仍在生产，代号为FH4283。这是一把带有中国明式家具影子的椅子，让我体会到一名设计大师对家具的那份专注。

1．制定工作计划

在上这个课程之前，我对汉斯·韦格纳这位家具设计大师并不是很了解，但对他的作品早有所闻。在有限的课程时间中，我只能有效地利用已有的资源和硬件完成这个作业。根据授课老师徐老师的安排，我先制定一个粗略的计划和时间表，将工作具体安排到每一天。

11.5（周一）　去木材市场，了解木材规格、价格

11.6（周二）　买料

11.7（周三）　建模进行CNC

11.8（周四）　建模完成进行CNC

11.9（周五）　制作靠背扶手圈以及扶手撑

11.10（周六）　完成靠背板的模型制作

11.11（周日）　制作靠背板

11.12（周一）　完成靠背扶手圈以及扶手撑杆

11.13（周二）　完成4条挡边的制作

11.14（周三）　完成前后腿（4条）

11.15（周四）　完成靠背板

11.16（周五）　完成坐板

11.17（周六）　组装

11.18（周日）　调整

2．确定仿制对象

我查阅了汉斯·韦格纳所设计的大量作品后，对他的很多作品都很喜欢，最后确定仿制的对象为中国椅（图1）。我被这把椅子的端庄大气所吸引。从外观上看，它带有典型的中国明式家具圈椅的感觉，但韦格纳缩短了扶手的长度，使其整体看起来带有一丝现代简约主义的味道，最重要的是这两者一点也不冲突，很合适地上演了一出中西结合的好戏。

图 1

3. 测定尺寸

尺寸的测量是一个很重要的问题。我们所掌握的大师作品的尺寸资料有限，于是在国内一些仿制品中去寻找尺寸，也到专卖进口家具的店里去寻找。相对网络上的资料，专卖店的数据更为可信。通过各方面的了解，推测出我们的实物模型比例（图 2）。（椅子做完后，回过头才发现，我们定的尺寸与原作有很多细节上的出入，这是我们缺乏经验所致，不过整体的比例感觉与原作相差不大。）

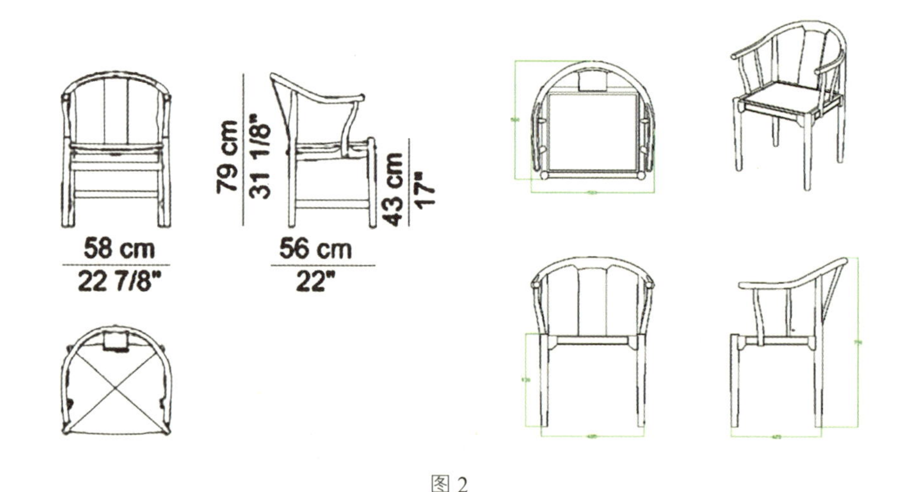

图 2

4. 建立模型

与其说是建立模型，不如说是第一次模拟和检测前期我们定的尺寸是否准确。我使用 Rhinoceros 软件在电脑上建立模型（通过建模可以很直观地对尺寸进行调整），之后进行渲染处理，可以看出大概的实木效果（图 3）。

徐老师为了使我们更加清晰地表达结构内部的拼接方式，要求我们制作出模型的爆炸图，为下一步工作打下良好的基础（图 4）。

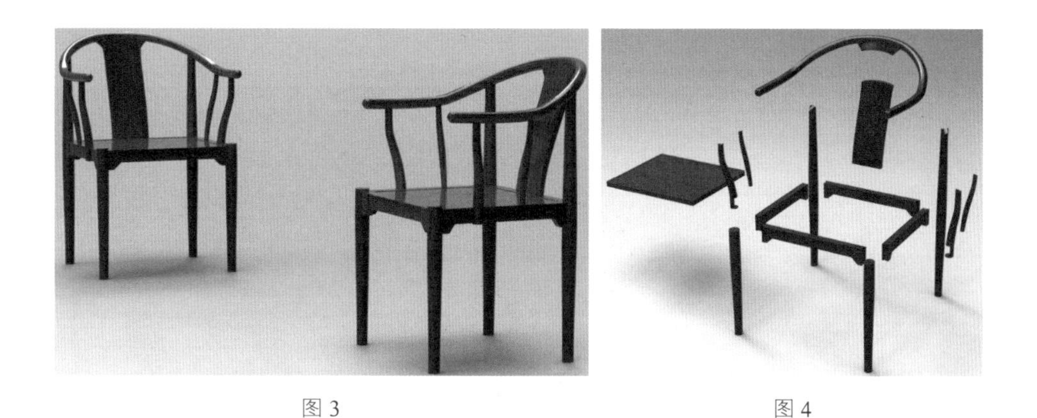

图 3　　　　图 4

5．计算材料数量，选定使用木材

计算材料是件头疼的事，因为很难准确地计算出用料多少，还要考虑成本（我们不得不“货比三家”）。我总结的经验是：（1）材料尽量不要买处理品，因为处理品会存在虫蛀现象。（2）不要买变形的材料。一般木材存放的时间较长，如果保存方式不得当，干燥度控制得不好，会出现变形的现象，在加工小的部件时存在不可预知性，很难保证不发生二次变形。（3）尽量计算准确，做好规划。做每一件作品时要养成多留 15%—20% 的木材的习惯，因为以我们自己的手工，难免会出现返工的现象（图 5 为我所做的部件材料预计图）。

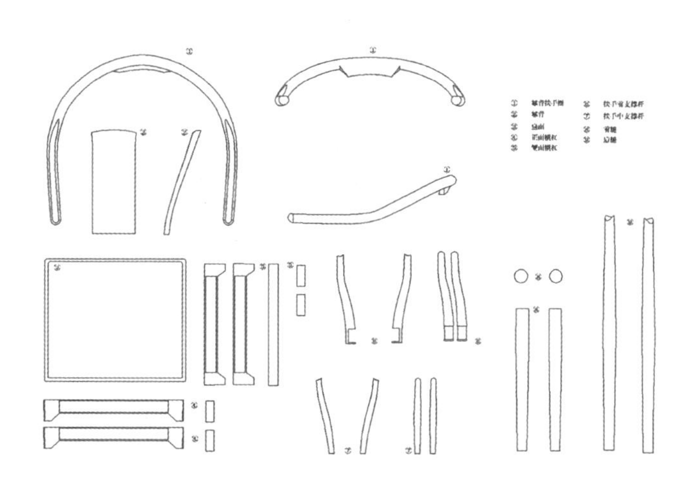

图 5

出于个人的喜爱，想用鸡翅木作为这把椅子的原材料，但从加工难度、成本、现成木材的尺寸等问题综合考虑，还是选用了沙比利木作为原材料（图 6 所示为沙比利木和鸡翅木）。

图 6

6. 购买材料

选定木材后，我和另一位同学拼板买了一块大料和 120cm×5cm×5cm 的五根木方。为了充分利用材料（坐板只需要 2cm 厚的板材），我将原本 5cm 厚的木板一分为二。图 7 显示的是将一根原木加工为板材的过程和对板材的初加工。

图 7

7．开料

到开料这里，可以说我们的前期准备工作基本完成，真正进入到实际动手操作部分。开料时我们将之前做的部件三视图打印成 1∶1 的图纸（图 8），贴于木材上（图 9），分别使用线锯（图 10）、CNC 数控机（图 11—13）、手锯进行裁切，得到我们想要的造型。在此期间要对木纹的走向和整体作品的纹理有一个清楚的认识，避免木纹受力等问题。

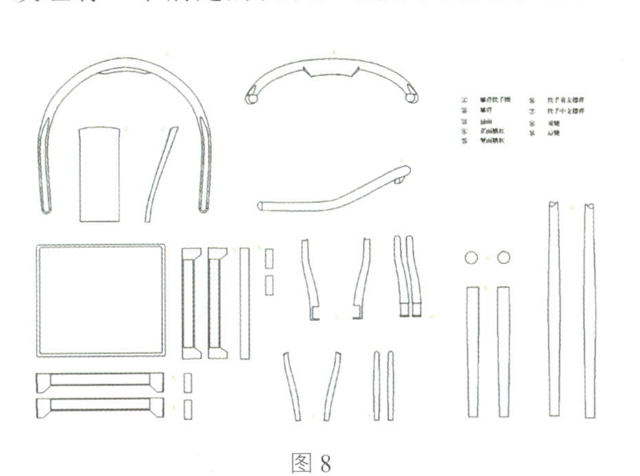

图 8

图 9

图 10

图 11

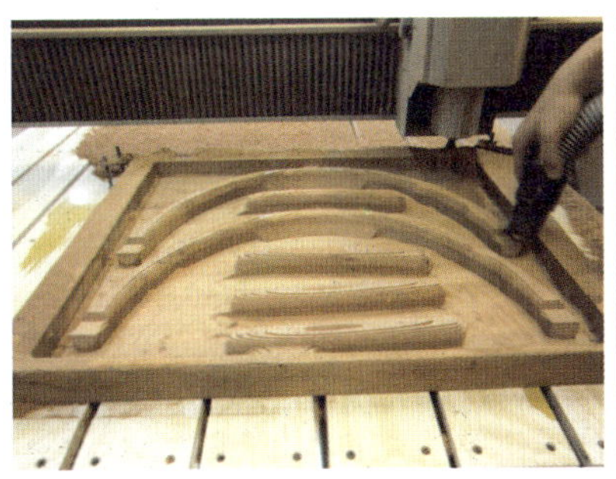

图 12

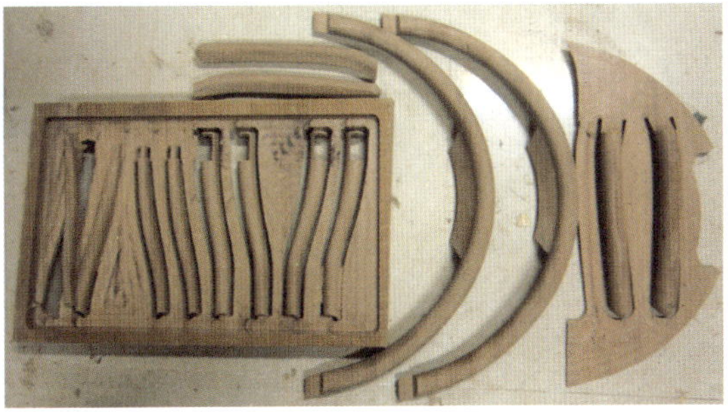

图 13

8．组装椅圈

椅子椅圈部分用 CNC 数控机铣出后，由于刀口下陷误差，在拼接时有一个接近 2mm 的缺口。我很苦恼这个缺口是否能顺利衔接，后来经过讨论，决定先在一条部件上粘上一块厚度约 2mm 的木板，再顺着造型打磨进行拼接（图 14）。

图 14

9．车削

中国椅前后腿为同心、不同直径的两对圆柱体，我采用了车削机床进行加工（图 15、16），在操作中会出现角度以及如何定中心线等问题，这些都是需要经验和技巧来解决的（图 17—19）。椅子的前腿是一端直径为 4cm、另一端直径为 3cm 的上大下小的圆柱，后腿则是中间直径为 4cm、两头直径为 3cm 的中间大两头小的圆柱状。

图 15

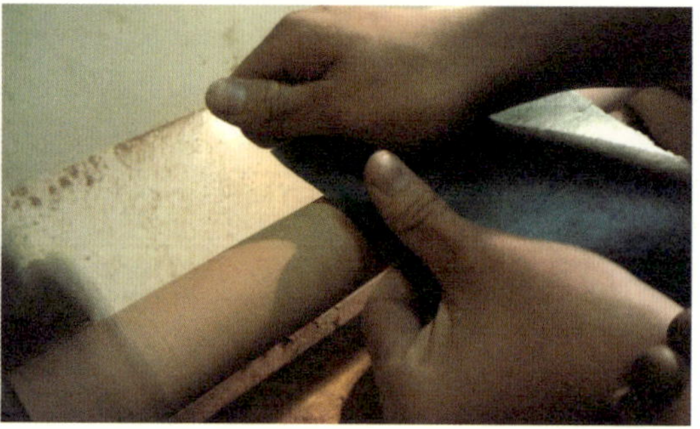

图 16

图 17

图 18

图 19

10．挡板制作

椅子四周的挡板也是由两组构成，开始利用线锯裁切出的造型需要再次加工，在机床上铣槽。由于机床老化，不能一次性做到铣出来的挡板有着统一的下陷深度，必须在铣的同时调整铣刀的下限深度，这着实是一个细致的活儿（图 20、21）。

图 20

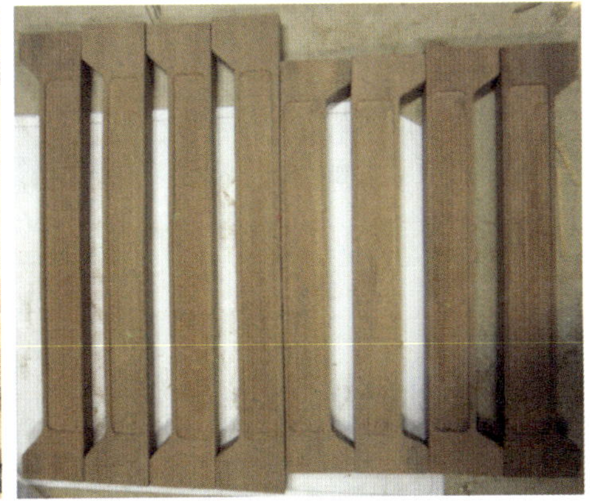

图 21

11．椅子上端的圈形部件制作

整张椅子的看点其实全部落在椅子上端的圈形部件上，它的弧度和加工难度都是很有挑战性的。因为受到机器硬件的限制，只能一分为三地分别进行加工，然后再组装。选择此方法带来了很多麻烦，也反映出我对木材本身的特性掌握不足（图 22—24）。

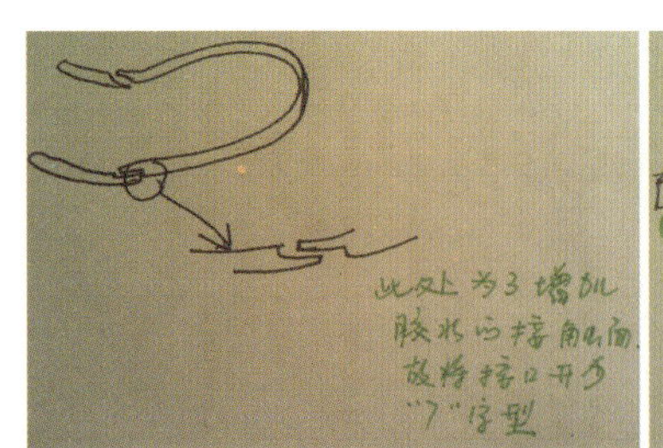

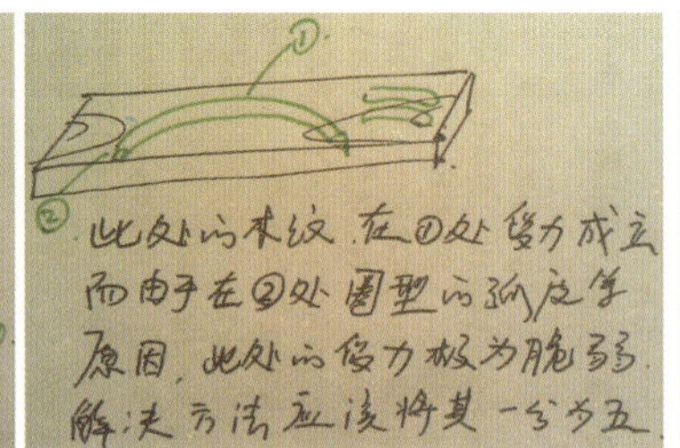

图 22

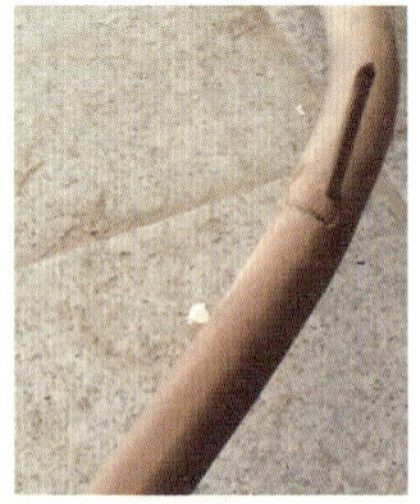

图 23

图 24

图 25

图 26

图 27

图 28

图 29

12．开榫

榫口的位置直接影响到椅子能否最终成功地组装起来。图 25—28 显示的是榫条制作、开榫、准备榫头、调试，图 29 显示的则是两把中国椅的全部零件。

13．组装

组装是检验制作过程是否精准的最有效方式，不合理连接处我们要进行调试和修改，如无法修改，就只能重新制作。在此期间，为了更好地使四条腿之间的连接夹角为直角，我们使用加强筋辅助固定，然后在确定无误的接口处打上胶，用木工夹固定12小时以上（图30显示的是前腿的固定）。因为木工夹数量有限，只能分批固定。在固定之前，要用水平测量器进行测量。四条腿只要有一条不与地面垂直，椅子的上半部分就无法组装。

在固定完前腿后，我们尝试着组装后腿及其挡板，结果因为加工的失误，后腿无法完全与地面垂直，最后决定在每两条腿之间装一个切面为45°角的加强筋，这样可以调整到与地面垂直。比对好后，先用手扶钻头打孔，然后拧入螺丝（图31—32）。

由于加工的误差，做好的坐板尺寸和实际的尺寸有偏差，只能慢慢调整，花了很长的时间（图33—35），令人欣慰的是最终效果比较满意。四条腿和框架组装完后，再将已经加工好的椅子上半部分进行组装，整体比例与图纸相差不大，比较协调（图36）。组装无误后，分别在连接部位打胶固定（图37）。

图30

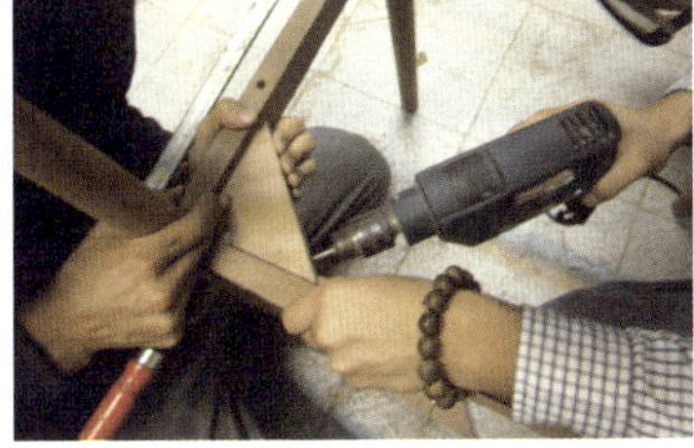

图31

图32

图33

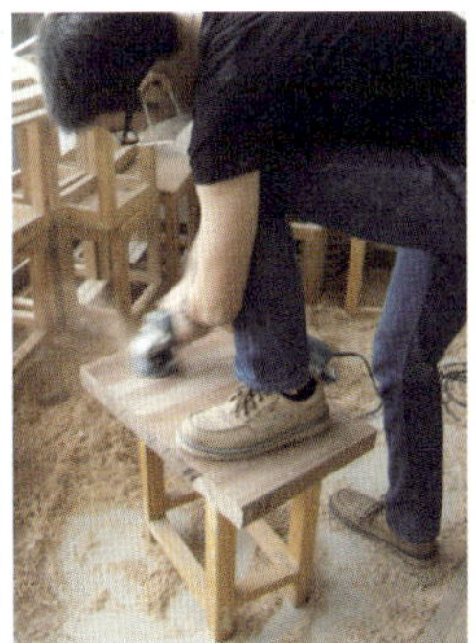

图34

图35

图 36

图 37

14. 打磨

组装完后进行表面处理，其实从开料起椅子就经过数次不同程度的打磨，期间用到的工具有不同型号的砂纸、锉刀、砂轮机、抛光蜡和羊毛毡等（图38—41）。打磨完成，整体效果比较满意，基本达到预想的效果（图 42）。

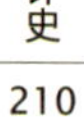

图 38

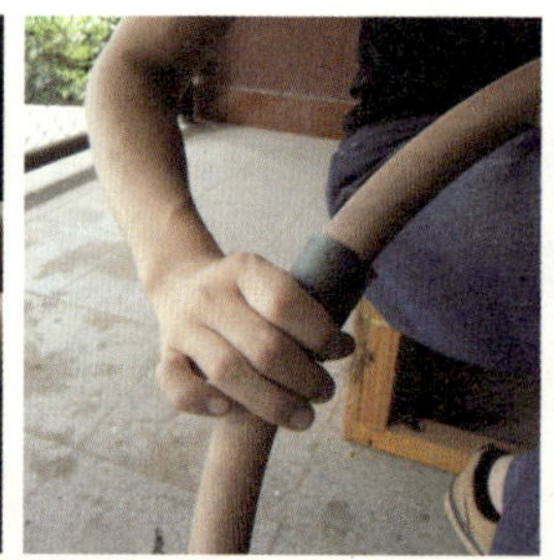

图 39

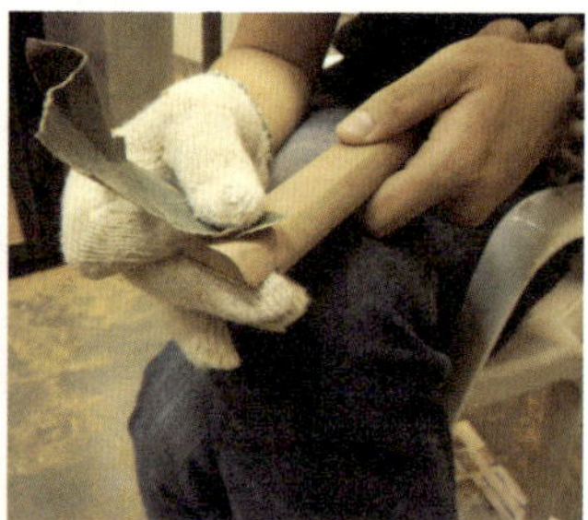

图 40

图 41

图 42

15．作业展示

总结

这个课程用一句话概括就是“累并幸福着”。这个实木课程，可以说让我们从一个完全对实操没有任何经验的门外汉练成了一个地道的入门级木匠。我很喜欢别人用木匠这个名字来形容我，个人感觉要做好一个木匠并非一件容易的事，要做一个从设计、选料、动手制作都有一定的水准的木匠就更难。整个课程下来，我觉得要做好一件实木的设计作品，每个细节都应该精益求精。短短的几周内我们经历了 32 把椅子从开始的一堆木料到成型的过程，从身边的 31 位同学身上我能总结出不同的问题。毋庸置疑，一开始的选料决定了作品的品相，之后一系列看似不起眼的细节都可能决定着椅子能否完美地支起来。总的来说，从这个课程中我们学到了很多，懂得如何有规划地去做一件事情，遇到问题应该怎样思考和解决，如何利用现有的设备做出我们想要的东西，等等。

教学总结

目前，中国内地的艺术设计类院校关于《现代家具设计史》课程的教学大多是重理论而轻实践，重图纸而轻实际操作，缺少理论与实践相结合的体验式教学系统做支撑。广州美术学院于2005年成立了家具艺术设计专业，成立至今，各门专业基础课程的教学目的都旨在通过体验式的教学，使学生在实践的过程中开拓思维、激发灵感，培养出真正懂设计、会设计、能服务于社会的家具设计师。在我们看来，这种强调学生是参与者而不是被动的接受者的体验式教学模式，是旨在培养专业家具设计师的家具设计史论教学最有力的保障。只有真正做到了理论结合实践，现代家具设计史教学才能真正地调动学生的学习兴趣，训练学生的设计思维，使其在形象认知上真正掌握现代家具设计的发展脉络、经典产品的各项设计知识和经验，为日后的专业家具设计实践打下坚实的基础。“绘”经典、“摹”经典与理论教学相结合的体验式教学正是实现“理论结合实践”教学理念的有效方式。经过体验式教学过程，学生更容易通过自己的思考、分析获得知识，通过实践、操作提高综合能力，而这也是此类教学所能产生的最理想的效果。

为了使学生能在五周的课程学习后对自己及其他同学的学习过程和心得有个更加全面的了解，我们会在课程结束后举办一个为时半天的室外作业分享聚会和为期一个月的室内作业汇报展。经过七年的探索实践，时至今日，我们已经举办了七届这样的作业汇报交流活动，而这一活动自然也就成为了《现代家具设计史》这门课程的一部分，甚至成为激励学生更加主动地参与学习的原动力。书中关于室外作业分享聚会和室内作业汇报展的图片，反映的正是教师与学生以轻松的心态、丰富的形式进行课程及作业交流总结的情况。

SMALL EXHIBITION
FURNITURE
33+1 手中的经典
家具展
时间：11.13-11.18
开幕仪式：11.13 15:00
A栋设计学院前草坪
ONLY
州美术学院设计学院
家具设计专业

作业汇报展海报

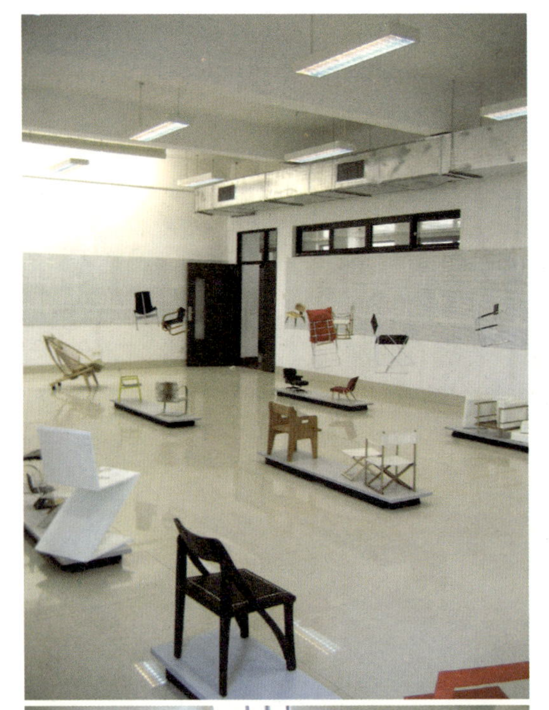

室内作业汇报展现场

室内作业汇报展现场

室外作业分享聚会现场

室外作业分享聚会现场

室外作业分享聚会现场